河南省职业教育品牌示范院校建设项目成果

测量技术实务

主　编　张学武　梁　芳
副主编　于　威　马红雷
　　　　朱艳青

黄河水利出版社
·郑州·

内 容 提 要

本书是河南省职业教育品牌示范院校建设项目成果。本书强调理论联系实际，注重基本技能的实际应用。本书共分为九章，第一至四章主要讲述了测量的基本测量原理和方法，第五、六章主要介绍了控制测量的基本原理及方法和大比例测图的基本知识，第七章详细介绍了地形图的应用，第八章描述了基本测设工作的原理和方法，第九章针对煤炭相关专业着重介绍了矿山测量的相关工作。

本书可作为高职高专测量相关专业及其他专业测绘类课程的教学用书。

图书在版编目(CIP)数据

测量技术实务/张学武，梁芳主编．—郑州：黄河水利出版社，2017.1

河南省职业教育品牌示范院校建设项目成果

ISBN 978-7-5509-1397-4

Ⅰ.①测… Ⅱ.①张… ②梁… Ⅲ.①测量学-高等职业教育-教材 Ⅳ.①P2

中国版本图书馆CIP数据核字(2016)第078808号

组稿编辑：陶金志　电话：0371-66025273　E-mail：838739632@qq.com

出 版 社：黄河水利出版社

地址：河南省郑州市顺河路黄委会综合楼14层　　邮政编码：450003

发行单位：黄河水利出版社

发行部电话：0371-66026940、66020550、66028024、66022620(传真)

E-mail：hhslcbs@126.com

承印单位：河南省瑞光印务股份有限公司

开本：787 mm×1 092 mm　1/16

印张：12.25

字数：298千字　　印数：1—1 000

版次：2017年1月第1版　　印次：2017年1月第1次印刷

定价：32.00元

前 言

高等职业教育是以培养技术型人才为主要目标的,是在完成中等教育的基础上培养出一批具有大学知识,而又有一定专业技术和技能的人才,其知识的讲授是以能用为度,实用为本。2005 年《国务院关于大力发展职业教育的决定》中明确提出,改革以学校和课堂为中心的传统人才培养模式,与企业紧密联系,职业教育要大力推行工学结合、校企合作的培养模式,加强学生的生产实习和社会实践。工学结合是以培养学生的综合职业能力为目标,以校企合作为载体,把课堂学习和工作实践紧密结合起来的人才培养模式。本书正是基于这样一个理念而编写的。

针对大专生以职业技能为主,积极主动适应社会行业的发展要求,本书突出针对性、实用性,内容组织既体现了由浅入深的学习认知过程,亦特别注重理论结合实践,每个章节最后均安排了相应的测量实验,加强专业实践能力培养。

本书主要讲述测量学的基础知识、平面控制测量、高程控制测量、大比例尺地形图测绘、地形图的应用、施工测量及矿山测量等,内容安排深入浅出,适应大专生的学习基础,着重实践安排,要求学生对本课程的内容有较系统的认识,掌握常规测量仪器的使用,熟练判读、使用地形图,能运用各种测量方法进行生产实际中的测量工作。课程实际操作是随着理论教学的进行,按照相应的进度安排实验环节,使学生通过实验巩固理论学习,培养实践技能。

本书编写人员及编写分工如下:张学武编写第一至三章,梁芳编写第四至六章,于威编写第七章,马红雷编写第八章,朱艳青编写第九章。本书由张学武、梁芳担任主编,由于威、马红雷、朱艳青担任副主编,汤其建、韩文静、杨亚茹、孔祥伟参编。

在本书编写过程中得到了永城职业学院矿业工程系的刘学功主任、李玉保书记和汤其建主任的大力支持,也得到了学院教务处和实训中心的大力支持,在此表示感谢!此外,在多次改稿的过程中,为教育事业付出毕生心血的陈启亚主任对本书提出许多宝贵的建议,陈启亚主任几十年的矿山测量教学经验和对知识点的把握都在本书的诸多细节中有所体现,这对于教师和学生来说都是莫大的帮助,也使得本教材增色不少。

在本书编写过程中参阅了大量文献,引用了同类书刊中的部分资料,在此,谨向有关作者表示衷心的感谢!

由于编者水平有限,书中不足之处在所难免,敬请读者批评指正。

编 者

2016 年 6 月

目 录

第一章 绪 论

第一节 测量学的任务与应用

一、测量学定义

美国学者史蒂文斯认为：测量就是依据某种法则给物体安排数字。如将铯原子的振动周期作为时间度量的基本单位，国际单位制定义 1 m 是光在真空中 1/299 792 458 s 移动的距离，最初规定通过法国巴黎的地球经线的四千万分之一为 1 m，并按照这个长度用铂－铱合金铸成一根“米原器”。

（一）测量的目的

测量就是进行可靠的定量比较，使我们的世界用同样的目光看同样的物体，进而为各行各业，为生活的方方面面服务。

（二）本课程定义

测量学是研究地球的形状和大小，确定地面点位（包括空中、地下和海底），以及对于这些空间位置信息进行处理、存储、管理的科学。

二、测量学的分类

测量学按照研究范围和对象的不同，可分为以下几个分支学科：

（1）大地测量学。是研究整个地球的形状和大小，解决大地区控制测量和地球重力场问题的学科。可分为常规大地测量学和卫星大地测量学。

（2）摄影测量与遥感学。是研究利用摄影或遥感技术获取被测物体的形状、大小和空间位置（影像或数字形式），进行分析处理，绘制地形图或获得数字化信息的理论和方法的学科。可分为地面摄影测量学、航空摄影测量学、水下摄影测量学和航天摄影测量学（军事侦察、打击评估、地下摄影测量、地形图、军事地图等更新）。

（3）地图制图学。讲述利用测量的成果来绘制地图的理论和方法。

（4）海洋测绘学。研究对象为海洋和陆地水体。

（5）普通测量学。研究地球表面小范围测绘的基本理论、技术和方法，不考虑地球曲率的影响，把地球局部表面当作平面看待，是测量学的基础。

（6）工程测量学。是研究各种工程在规划设计、施工建设和运营管理阶段所进行的各种测量工作的学科。

研究内容包括有关城市建设、矿山工厂、水利水电、农林牧业、道路交通、地质矿产等领域各种工程的勘测设计、建设施工、竣工验收、生产经营、变形监测等方面的测绘工作。

主要工作包括测绘、测设、变形监测。

三、测量学在工程建设中的应用

测量学的应用非常广泛。国防、军事、经济建设都离不开测量学,这里着重介绍一下测量学在工程建设中的应用:

(1)勘测设计阶段。测绘各种比例尺的地形图,供工程的设计使用。如修公路,为了确定一条最经济合理的路线,必须预先测绘路线附近的地形图,在地形图上进行路线设计。

(2)施工阶段。把线路和各种建筑物正确地测设到地面上。如将设计路线的位置标定在地面上以指导施工。

(3)竣工测量。对建筑物进行竣工测量。检测各项指标是否符合设计的要求。

(4)运营阶段。为改建、扩建而进行的各种测量。

(5)变形观测。为安全运营、防止灾害进行变形测量。如1998年武汉上游长江支流大坝监测。

第二节　测量学的发展及现状

一、测量学发展简史

测量学是一门非常古老的科学。古代的测绘技术起源于水利和农业。如古埃及尼罗河每年洪水泛滥后,需要重新划定土地界线,开始有测量工作。公元前21世纪,中国夏代禹治水就使用简单测量工具测量距离和高低。《史记·夏本纪》中有"左准绳,右规矩"的记载(注:准为古代测量水平的仪器;木受绳则直;圆曰规,方曰矩;说明当时已经有了"平""直""方""圆"的概念,就是对测量工作的描述,说明在当时已经有了原始的测量仪器)。

另外,随着人类在军事、交通运输方面的需要,在客观上也推动了测绘学的发展。

如在约战国后期的一个秦国古墓里,发现了迄今为止世界上最早的一幅实物地形图(地形图的出现,标志着古代的测绘技术有了相当的发展)。在之后300年的马王堆汉代古墓中,发现了迄今为止世界上最早的军事地图。

测绘学是技术性学科,它的形成和发展在很大程度上依赖测量方法和仪器工具的创造和改革。如17世纪以前,人们使用简单的工具,如绳尺、木杆尺等进行测量,以量测距离为主。17世纪初发明了望远镜。1617年创立的三角测量法,开始了角度测量。1730年英国的西森制成第一架经纬仪,促进了三角测量的发展。1794年德国的C. F. 高斯发明了最小二乘法,直到1809年才发表。1806年法国的A. –M. 勒让德也提出了同样的观测数据处理方法。1859年法国的A. 洛斯达首创摄影测量方法。20世纪初,由于航空技术的发展,出现了自动连续航空摄影机,可以将航摄像片在立体测图仪上加工成地形图,促进了航空摄影测量的发展。

20世纪50年代起,测绘技术朝着电子化和自动化发展。如电磁波测距仪、电子经纬仪、电子水准仪、全站仪、测量机器人、3S技术。发展到今天,测绘学成为一门综合科学。它应用当代空间、遥感、通信、电子、微电子等各种先进技术与设备,以及光学、机械、电子的实用技术设备,采集与地球形状和大小、地球表面上的各种物体的几何形状及空间位置相关的数据和信息，并对其进行处理、解释和管理，为经济建设、国防建设的各个部门和行业提供服务。

二、现代测绘技术

(一)全球定位系统

全球定位系统是以军事需求为背景而出现的，现在已广泛应用于民用领域，包括智能交通、精细农业、资源调查、地质灾害等。在测绘工作中主要用于大地测量、变形监测、控制测量、施工放样。

1. 美国全球定位系统(GPS)

GPS 是一个全球性、全天候、全天时、高精度的导航定位和时间传递系统。空间部分由 24 颗卫星组成。它是一个军民两用系统，提供两个等级的服务。

2. 俄罗斯全球导航卫星系统

俄罗斯要用 20 年时间发射 76 颗 GLONASS(格罗纳斯)卫星。1995 年完成 24 颗中高度圆轨道卫星加 1 颗备用卫星组网，耗资 30 多亿美元，由俄罗斯国防部控制。

3. 欧洲伽利略导航卫星系统计划(Galileo)

欧洲 1999 年初正式推出伽利略导航卫星系统计划。该方案由 21 颗以上中高度圆轨道核心星座组成，另加 3 颗覆盖欧洲的地球静止轨道卫星，辅以 GPS 和本地差分增强系统，首先满足欧洲需求，位置精度达几米。

4. 我国的北斗卫星导航定位系统

我国的北斗卫星导航定位系统由 2000 年、2003 年发射的 3 颗北斗卫星组成，我国的北斗导航系统是一个区域性的定位系统，可满足当前我国陆、海、空运输导航定位的需求。缺点是不能覆盖两极地区，用户数量受一定限制。

(二)遥感

美国数字全球(Digital Globe)公司的 QuickBird－2(快鸟－2)卫星是目前世界上商业卫星中分辨率最高的一颗卫星。其全色(黑白)波段分辨率为 0.61 m，彩色多光谱分辨率为 2.44 m，幅宽为 16.5 km。

如 PPT 图中显示了 QuickBird－2 卫星从 450 km 高空探测到的北京市公主坟立交桥的图像，图中车辆和树木清晰可辨。

IKONOS－2(艾科诺斯－2)卫星是美国空间影像(Space Imaging)公司于 1999 年 9 月发射的高分辨率商用卫星，卫星飞行高度 680 km，每天绕地球 14 圈，卫星上装有柯达公司制造的数字相机。相机的扫描宽度为 11 km，可采集 1 m 分辨率的全色(黑白)照片和 4 m 分辨率的多波段(红、绿、蓝、近红外)彩色照片。由于其分辨率高、覆盖周期短，故在军事和民用方面均有重要用途。

(三)地理信息系统

GIS 系统处于计算机科学、地理学、测量学和地图学等多门学科的交叉地带，它是以地理空间数据库为基础，采用地理模型分析方法适时提供多种空间的和动态的地理信息，为政府、企业提供决策信息服务的计算机技术系统。

地理信息系统在最近的 30 多年内取得了惊人的发展，广泛应用于资源调查、环境评估、灾害预测、国土管理、城市规划、邮电通信、交通运输、军事公安、水利电力、公共设施管理、农林牧业、统计、商业金融等几乎所有领域。

第三节　地面点位的确定

一、地球的形状和大小

从整个地球来看，海洋面积约占地球总面积的71%，陆地面积约占地球总面积的29%。因此，地球可称为一个水球。从地形上来看，地球表面高低起伏，极不规则，很难用数学公式来表达。

如最高海拔8 846.27 m（我国西藏与尼泊尔交界处的珠穆朗玛峰），最低海拔11 022 m（太平洋西部的马里亚纳海沟）。但地球的半径大约是6 371 000 m，因此地球表面的起伏可以忽略不计，而将地球看成是一个椭球体（见图1-1）。

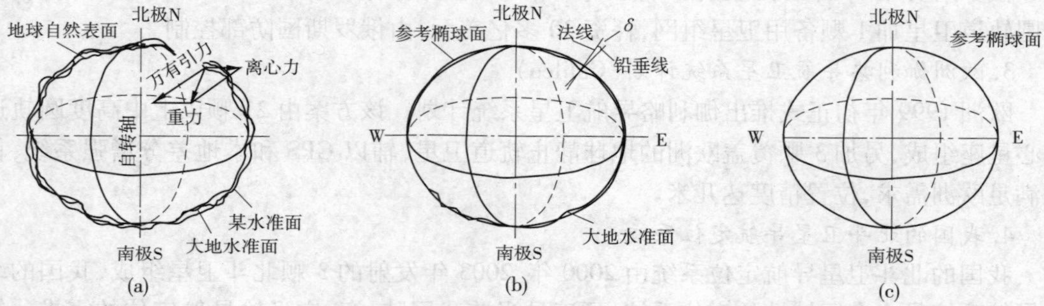

图1-1　旋转椭球体

（1）铅垂线——地球上的任意一点都受到离心力和地球引力的双重作用，这两个力的合力称为重力，重力的方向线称为铅垂线（见图1-1（a））。铅垂线是测量工作的基准线。

（2）水准面——自由、静止的水面称为水准面，它是受地球重力影响而形成的，一个处处与重力方向线垂直的连续曲面，是一个重力场的等位面（见图1-1（a））。

（3）大地水准面——水准面有无数多个，其中通过平均海水面，并向大陆、岛屿内延伸而形成的闭合曲面，称为大地水准面（见图1-1（a））。

大地水准面具有的性质：大地水准面上任一点处的铅垂线（重力方向）与该点处切面正交。大地水准面是测量工作的基准面。

由于地球内部质量不均匀，引起铅垂线产生不规则变化，使得大地水准面形成有微小起伏的、不规则的、很难用数学方程表示的复杂曲面。将地球表面上的物体投影到大地水准面上，计算起来非常困难。通常选择一个与大地水准面非常接近的、能用数学方程表示的椭球面作为测量工作计算和绘图的基准面，这个椭球面是由一个椭圆绕其短轴旋转而成的旋转椭球，称为参考椭球，其表面称为参考椭球面（见图1-1（c））。由地表任一点向参考椭球面所作的垂线称法线，除大地原点以外，地表任一点的铅垂线和法线一般不重合，其夹角称为垂线偏差（见图1-1（b））。

二、我国采用的参考椭球

世界各国都采用适合本国情况的参考椭球。

新中国成立前我国采用海福特椭球等。

新中国成立后我国采用1954年北京坐标系:苏联克拉索夫斯基椭球(其大地原点位于苏联列宁格勒天文台中央)。

1980后采用1980年国家大地坐标系:国际75椭球(IAG1975推荐值)。

目前,1954年北京坐标系和1980年国家大地坐标系并行使用。

参考椭球的定位是指确定参考椭球与大地水准面相对位置的测量工作。

定位的目的通常是在某个区域,使参考椭球与大地水准面有最佳的吻合。因此,各个国家采用的参考椭球通常都不相同,定位点也不同,就是为了在本国区域内,使参考椭球与大地水准面有最佳的吻合,从而有利于测绘工作的进行。

定位点,即大地原点。我国大地原点位于陕西永乐镇。在大地原点上经过精密测量,获得大地原点的起算数据,由此建立的坐标系称为"1980年国家大地坐标系",简称80系或西安系。

由于参考椭球的扁率很小,当测区范围不大时,可以将参考椭球看作半径为6 371 km的圆球。

三、测量坐标系(重点)

空间是三维的,表示地面点在某个空间坐标系中的位置需要三个参数,确定地面点位的实质就是确定其在某个空间坐标系中的三维坐标。

测量上将空间坐标系分解成确定点的球面位置的坐标系(二维)和高程系(一维)。确定点的球面位置的坐标系有地理坐标系、空间直角坐标系和平面直角坐标系三类。

(一)地理坐标系

地理坐标系又可分为天文地理坐标系和大地地理坐标系两种。

1. 天文地理坐标系

天文地理坐标又称天文坐标,表示地面点在大地水准面上的位置,它的基准是铅垂线和大地水准面,它用天文经度 λ 和天文纬度 ϕ 两个参数来表示地面点在球面上的位置。

过地面上任一点 P 的铅垂线与地球旋转轴 NS 所组成的平面称为该点的天文子午面,天文子午面与大地水准面的交线称为天文子午线,也称经线。称经过英国格林尼治天文台 G 的天文子午面为首子午面。过 P 点的天文子午面与首子午面的二面角称为 P 点的天文经度。在首子午面以东为东经,以西为西经,取值范围为 $0°\sim180°$。同一子午线上各点的经度相同。

过 P 点垂直于地球旋转轴的平面与地球表面的交线称为 P 点的纬线,过球心 O 的纬线称为赤道。过 P 点的铅垂线与赤道平面的夹角称为 P 点的天文纬度。在赤道以北为北纬,以南为南纬,取值范围为 $0°\sim90°$。

2. 大地地理坐标系

大地地理坐标又称大地坐标,是表示地面点在参考椭球面上的位置,它的基准是法线和参考椭球面,用大地经度 L 和大地纬度 B 表示(见图1-2)。

P 点大地经度 L:过 P 点的大地子午面和首子午面所夹的二面角。

P 点大地纬度 B:过 P 点的法线与赤道面的夹角。

注:①大地经、纬度是根据起始大地点(又称大地原点,该点的大地经纬度与天文经纬

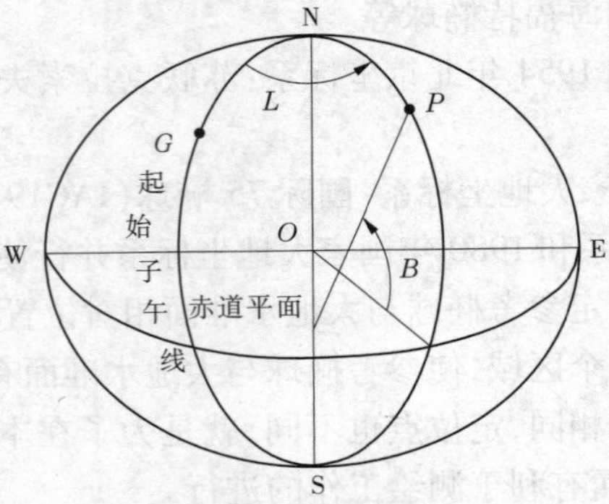

图 1-2 天文坐标系

度一致）的大地坐标，是按大地测量所得数据推算而得的。

②由于天文坐标和大地坐标选用的基准线和基准面不同，所以同一点的天文坐标与大地坐标不一样，不过这种差异很小，在普通测量工作中可以忽略。

我国以陕西省泾阳县永乐镇大地原点为起算点，由此建立的大地坐标系，称为“1980 年国家大地坐标系”。

通过与苏联 1942 年普尔科沃坐标系联测，经我国东北传算过来的坐标系称为“1954 年北京坐标系”，其大地原点位于苏联列宁格勒天文台中央。

WGS-84 坐标系：WGS 英文意义是 World Geodetic System（世界大地坐标系），它是美国国防局为进行 GPS 导航定位于 1984 年建立的地心坐标系，1985 年投入使用。在实际测量工作中很少直接使用 WGS-84 坐标系，而是将其转换成其他坐标系再使用。

WGS-84 椭球采用国际大地测量与地球物理联合会第 17 届大会测量常数推荐值，采用的两个常用基本几何参数：长半轴 $a=6\ 378\ 137$ m，扁率 $f=1:298.257\ 223\ 563$。

（二）空间直角坐标系

坐标原点 O：地球椭球体中心（与质心重合）。

Z 轴方向：指向地球北极。

X 轴方向：指向格林尼治子午面与地球赤道面的交点。

Y 轴方向：垂直于 XOZ 平面，构成右手坐标系。

如地面上任意点 P 的空间直角坐标为（X、Y、Z）。

（三）平面直角坐标系

地理坐标对局部测量工作来说是非常不方便的（地理坐标为球面坐标，不方便进行距离、方位、面积等参数的量算）。

如：在赤道上，1″的经度差或纬度差对应的地面距离约为 30 m。

但地球是一个不可展开的曲面，也就是展开后不能成为一个平面，因此我们可以考虑将地球投影到一个平面上或者是一个可以展开的曲面上。

我们可以想象有一个光源在地球的中心，将地表上的物体投射到一个投影面上，就可以得到一幅地图。那么投影面的类型和位置可以任意变化，因此对应可以得到很多种地图投影。我国采用的是高斯-克吕格正形投影，简称高斯投影（见图 1-3）。

高斯投影是德国的高斯在 1820~1830 年，为解决德国汉诺威地区大地测量投影问题而提出的一种投影方法。1912 年起，德国学者克吕格（Kruger）将高斯投影公式加以整理和扩

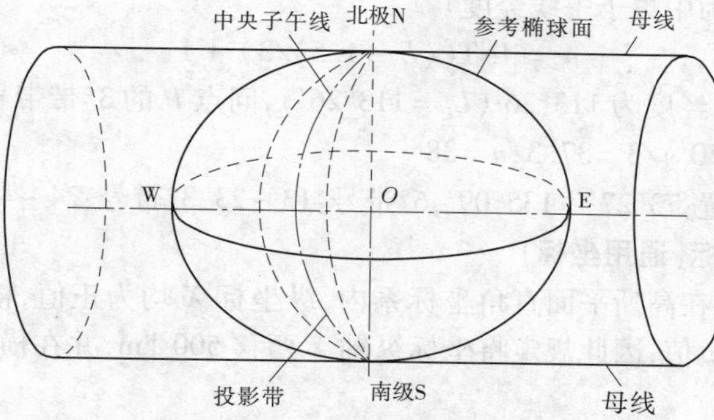

图 1-3 高斯投影

充并推导出了实用计算公式。

投影时是设想用一个空心椭圆柱横套在参考椭球外面,使椭圆柱与某一中央子午线相切,椭圆柱的中心轴通过参考椭球的中心。然后用一定的投影方法,将中央子午线两侧的区域投影到椭圆柱面上,再将此柱面展开即成为一个平面,最后就可以在该平面上定义平面直角坐标系。因此,高斯投影又称为横切椭圆柱正形投影。所谓正形投影,是指投影后在角度上不会变化,因此也叫等角投影。

重点:在高斯投影面上,中央子午线和赤道的投影都是直线,并且正交。位于中央子午线上的点无变形(长度不变),其余各点均有变形,且离中央子午线越远变形越大;除中央子午线以外的子午线凹向中央子午线;除赤道以外的纬线均凸向赤道。

在高斯投影面上,把中央子午线作为 x 轴,赤道作为 y 轴,交点为坐标原点,这样便形成了高斯平面直角坐标系。

为了将高斯投影的变形限制在一定允许范围内,可以将投影区域限制在中央子午线两侧的狭长区域内,这就是分带投影的思想。投影宽度是以两条中央子午线间的经差来划分的。有6°带和3°带两种。

高斯投影是将地球按经线划分成带,称为投影带,6°投影带是从首子午线起,每隔经度6°划分为一带(称为统一6°带),自西向东将整个地球划分为60个带。带号从首子午线开始,用阿拉伯数字表示。3°带是自东经1.5°开始,每隔3°为一带,全球共120带。

位于各带中央的子午线称为该带的中央子午线(Central Meridian)。第一个6°带的中央子午线的经度为3°,任意带的中央子午线经度与投影带号的关系为:

6°带:$L_0=6n-3$(n 为投影带的号数)

例:已知某6°带带号 $n=21$,问此带的范围是多少?

解:$L_0=6°\times n-3=123°$,往东移3°,往西移3°,范围为120°~126°。

若已知某点的经度,如何确定该点所在的投影带及其中央子午线的经度?

$$n = \mathrm{INT}\left(\frac{L}{6}\right)+1$$

例:已知某点 P 的经度为113°26′($L_P=113°26′$),问点 P 的6°带带号是多少?

解:$113°26′\div 6=18.9°$;$n=18+1=19$

注:6°带可以满足中、小比例尺测图精度的要求(1:25 000以上)。对于更大比例尺的地图,则要用3°带。

3°带：$L_0 = 3n$（L_0 为中央子午线经度）

$$n = \mathrm{INT}((L-1.5)/3)+1$$

例：已知某点 P 的经度为 113°26′（L_P = 113°26′），问点 P 的 3°带带号是多少？

解：(113°26′ − 1°30′)/3 = 37.3；n = 38

例如我国地理位置：73°27′ ~ 135°09′，6°带号：13 ~ 23，3°带号：24 ~ 45。

（四）国家统一坐标（通用坐标）

我国位于北半球，在高斯平面直角坐标系内，纵坐标 X 均为正值，横坐标 Y 有正有负。为了避免横坐标出现负值，因此规定将坐标纵轴 X 西移 500 km，并在横坐标 Y 前标注带号（见图 1-4）。

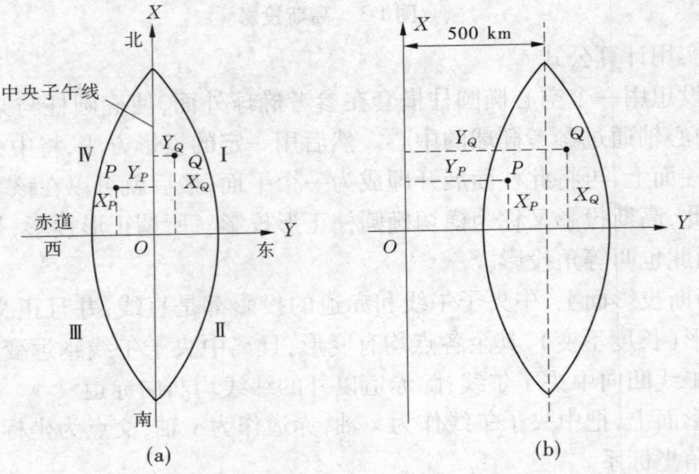

图 1-4　高斯平面直角坐标

例：P 点在 19°带的高斯平面直角坐标为：X_P = 346 216.985 m，Y_P = 286 755.433 m；那么 P 点的国家统一坐标为：X_P = 346 216.985 m，Y_P = 19 786 755.433 m。

当测量区域较小时（如半径小于 10 km 的范围），可以用测区中心点的切平面代替椭球面作为基准面。在切平面上建立独立平面直角坐标系，以南北方向为 X 轴，向北为正；以东西方向为 Y 轴，向东为正。为避免坐标出现负值，通常将坐标原点选在测区的西南角。

测量工作中的平面直角坐标系与笛卡儿直角坐标系的区别：

（1）坐标轴互换。

（2）象限顺序相反：笛卡儿坐标逆时针划分四个象限，测量平面直角坐标系则相反。

这样规定的好处是可以将数学中的公式直接应用到测量计算中而不需要转换。

四、地面点高程的确定

确定一个地面点的空间位置，除要知道它的平面位置外，还要知道它在垂直方向上的位置。我们一般用高程来表示。

（1）绝对高程（高程、海拔）：地面点到大地水准面的铅垂距离，如图 1-5 中 H_A、H_B。

（2）相对高程（假定高程）：地面点到假定水准面的铅垂距离，如图 1-5 中 H'_A、H'_B。

（3）高差：地面上两点间的高程之差，如图 1-5 中 h_{AB}。

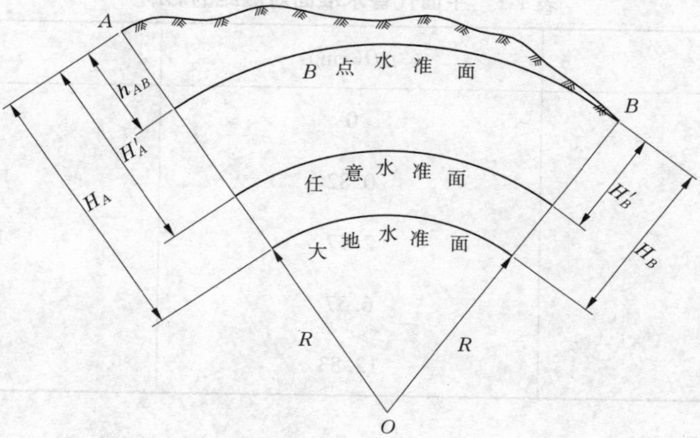

图 1-5 高程、相对高程、高差

受潮汐、风浪等影响,海水面是一个动态的曲面。它的高低时刻在变化,通常是在海边设立验潮站,进行长期观测,取海水的平均高度作为高程零点。我国的验潮站设立在青岛,并在观象山建立了水准原点。1956 年经过多年观测后,得到从水准原点到验潮站的平均海水面高程为 72.289 m。这个高程系统称为“1956 年黄海高程系统”,全国各地的高程都是以水准原点为基准得到的。

20 世纪 80 年代,我国根据验潮站多年的观测数据,又重新推算了新的平均海水面,由此测得水准原点的高程为 72.260 m,称为“1985 年国家高程基准”。

五、用水平面代替水准面的限度

设地面上两点 A、B 投影到水准面上的弧长为 S,在水平面上的距离为 D。

(一)对距离的影响

平面代替水准面对测距的影响见表 1-1,具体公式如下:

$$\begin{cases} D = R\tan\theta \\ S = R\theta \end{cases} \tag{1-1}$$

$$\Delta D = D - S = R(\tan\theta - \theta) \tag{1-2}$$

将 $\tan\theta$ 按级数展开

$$\tan\theta = \theta + \frac{1}{3}\theta^3 + \frac{2}{15}\theta^5 + \cdots \tag{1-3}$$

由于我们只是在一个小范围内研究,因此 θ 值很小,所以将 5 次项以上的略去,将式(1-3)带入式(1-2)得

$$\Delta D = R\frac{\theta^3}{3}$$

并且 $\theta = \dfrac{S}{R}$,得

$$\frac{\Delta D}{D} = \frac{S^2}{3R^2}$$

表 1-1　平面代替水准面对测距的影响

D(km)	ΔD(cm)	$\Delta D/D$
1	0	—
10	0.82	1/120 万
15	2.77	1/54 万
20	6.57	1/30 万
25	12.83	1/19 万

结论:在半径 10 km 范围内,对距离的影响可以忽略不计。

(二)对水平角的影响

从球面三角可知,球面上多边形内角之和比平面上相应多边形的内角和要大些,大出的部分称为球面角超。球面角超的公式为

$$\varepsilon = \rho \frac{P}{R^2} \tag{1-4}$$

式中,P 为球面多边形面积,$\rho = 206\ 265''$(表示 1 弧度等于多少秒;$\rho = 180 \times 60 \times 60''/\pi$)。

当 $P = 10\ \text{km}^2$ 时,$\varepsilon = 0.05''$;

当 $P = 100\ \text{km}^2$ 时,$\varepsilon = 0.51''$;

当 $P = 400\ \text{km}^2$ 时,$\varepsilon = 2.03''$;

当 $P = 2\ 500\ \text{km}^2$ 时,$\varepsilon = 12.70''$。

以上分析表明:对于面积在 100 km² 内的多边形,水平面与水准面间的误差对水平角的影响只在最精密的角度测量中考虑,一般测量工作中是不必考虑的。

(三)对高程的影响

水平面代替水准面对高程的影响见图 1-6,具体公式如下

$$\Delta h = Bb - Bb' \tag{1-5}$$

$$(R + \Delta h)^2 = D^2 + R^2 \tag{1-6}$$

$$\Delta h = \frac{D^2}{2R + \Delta h} \tag{1-7}$$

在小范围内,S(S 为地面上两点 A、B 投影到水准面上的弧长)可以替代 D,Δh 与 $2R$ 相比可以忽略,故:

$$\Delta h = \frac{S^2}{2R} \tag{1-8}$$

表 1-2　水平面代替水准面对高程的影响

S(m)	10	50	100	150	200
δ_h(mm)	0	0.2	0.8	1.77	3.1

结论:在高程测量中,即使距离很短,也应考虑地球曲率的影响。

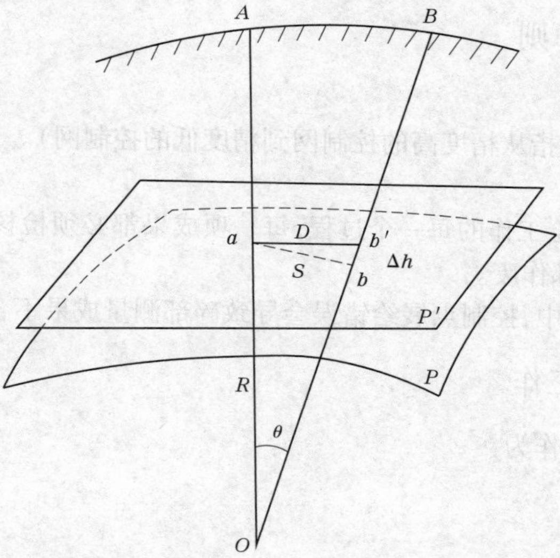

图 1-6　地球曲率对高程的影响

第四节　测量工作概述

一、测量学的主要任务

测量学的主要任务分为测定、测设。

(1)测定(Location):使用测量仪器和工具,通过测量和计算将地物与地貌的位置按一定比例尺、规定的符号缩小绘制成地形图,供科学研究和工程建设规划设计使用。

(2)测设(Setting-out):将在地形图上设计出的建筑物和构筑物的位置在实地标定出来,作为施工的依据。

二、地物和地貌

测量学将地表物体分为地物和地貌。

(1)地物(Feature)是指地面上天然形成或人工构成的物体,它包括平原、湖泊、河流、海洋、房屋、道路、桥梁等。

(2)地貌(Geomorphology)是指地表高低起伏的形态,它包括山地、丘陵和平原等。

地物和地貌总称为地形(Landform)。

三、测绘的基本原理

(1)进行控制测量,得到已知的控制点。

(2)进行碎部测量,测出碎部点的数据(地物、地貌的特征点又称碎部点,测量碎部点坐标的方法与过程称为碎部测量)。

(3)将数据绘制成图。

四、测量工作的原则

(1)从整体到局部。

(2)从高级到低级(指从精度高的控制网到精度低的控制网)。

(3)先控制后碎部。

(4)步步检核。测绘工作的每一个过程,每一项成果都必须检核,否则前面一项成果出错,会导致后面数据全部作废。

如地形图测绘工作中,控制点展绘错误会导致碎部测量成果不合格。

五、测量的基本工作

测量的三个基本工作为:

(1)高程测量。

(2)角度测量。

(3)距离测量。

六、测量的三个基本元素

测量的三个基本元素为:

(1)高差。

(2)角度。

(3)距离。

七、需掌握的几个概念

测量也是一种数据的科学,即关系到测得准不准、准到什么程度的问题。任何测量都会产生误差,其误差大小将决定测量数据的可靠性和测量成果的质量及可信度。由此可见,测量又是精度和效率的科学。因此,我们要学习和掌握测量误差知识和测量数据的处理方法。

(一)测量误差

当观测对象存在真值(理论值)时,误差 = 观测值 - 真值,即 $\Delta = L - X$;当观测对象不存在真值时,误差 = 观测值 - 最或是值,即 $\Delta = L - x$。

(二)误差来源

(1)仪器误差。如尺长误差。

(2)观测误差。如读数误差。

(3)外界条件影响。如温度、风力等。

(三)误差类型

1. 系统误差

在相同的测量条件下,对某一量进行系列观测,若误差出现的大小、符号均相同或按一定的规律发生变化,这种性质的误差称为系统误差。主要是测量仪器带来的误差。

误差特性:有规律性和积累性,可用校正仪器或计算改正的方法予以消除。

2. 偶然误差

在相同的测量条件下,对某一量进行系列观测,若误差出现的大小可大可小、符号可正

可负,具有随机性变化,这种性质的误差称为偶然误差。偶然误差有以下特性:

(1)随机性:误差无规律,无积累性。

(2)有界性:误差的绝对值被限定在某一范围。

(3)集中性:绝对值较小的误差出现的概率比绝对值较大的误差出现的概率大。

(4)对称性:在多次观测中,绝对值相等的正负误差出现的概率相等。

(5)抵偿性:随观测次数的增加,偶然误差的算术平均值趋于零。

(四)测量精度

在一定的观测条件下,对某一个量进行多次观测,对应着一个确定的误差分布。若观测值非常集中,小误差出现的次数多,则精度高;反之,则精度低。因此,把误差分布的密集或离散程度称为精度。

(五)衡量精度的指标

1. 中误差

设在等精度观测条件下,对某未知量进行了 n 次观测,测得观测值为 $l_1,l_2,\cdots,l_n$,相应的真误差为 $\Delta_1,\Delta_2,\cdots,\Delta_n$,则该组观测值的中误差定义为

$$m = \pm\sqrt{\frac{[\Delta\Delta]}{n}},\quad [\Delta\Delta] = \Delta_1^2 + \Delta_2^2 + \cdots + \Delta_n^2$$

例:设甲、乙两组分别对某一三角形进行了10次观测,求得三角形内角之和的真误差为

甲:+3″,-2″,-4″,+2″,0″,-4″,+3″,+2″,-3″,-1″

乙:0″,-1″,-7″,+2″,+1″,+1″,+8″,0″,-3″,-1″

试求甲、乙两组观测值的中误差,并比较其精度高低。

答:$m_{甲} = \pm 2.7''$,$m_{乙} = \pm 3.6''$,甲的精度比乙的精度高。

(1)最或是值。在实际测量中,将多次观测值的算术平均值作为未知量的最或是值。

(2)平差。指对一系列带有偶然误差的观测值,采用合理的方法消除它们之间的不符值,求出未知量的最可靠值的误差处理方法。

2. 相对误差

在距离测量中,观测值中误差的绝对值与测量成果(多次观测的距离平均值)之比,并化成1/N形式表示的,称为相对误差。

3. 容许误差

在一定的观测条件下,偶然误差的绝对值不会超过一定的限度。在大量等精度观测的一组误差中,通常规定以2倍中误差作为偶然误差的容许值,称为容许误差。

(六)测量数据的标记、凑整和取位

1. 数据标记

文字采用正楷体。记录数字的高度只占格子的一半,留有更改数字的空隙;记录数字要正确反映观测精度。如:要求读到毫米位,读数为1 m 2 dm 6 cm,则应报数和记录为“1 260”或1.260 m;不应报数或记录为“126”或126 cm或1.26 m。

2. 测量计算中数字的凑整规则

按照“4舍6入,遇5奇进偶不进”的原则进行。

(1)当数值中被舍去部分的数值大于所保留末位的0.5时,则末位加1。

(2)当数值中被舍去部分的数值小于所保留末位的0.5时,则其末位不变。

(3)当数值中被舍去部分的数值等于所保留末位的0.5时,则将末位凑整为偶数。

3. 数字运算中的合理取位

1)加与减的合理取位

在各数中,以小数位数最少的数为准,其余各数均凑整成比该数多一位,而后进行加与减;或按实际数加减后其计算结果的小数位数,保留至比小数位数最少的多一位即可。

2)乘与除的合理取位

两数相乘或相除,则其积或商的有效数字的个数,应与乘或除因子中有效数字最少的因子的有效数字个数相同。

习 题

1. 测量工作的基准面和基准线指什么?

2. 简述水准面的定义及其特性。

3. 什么叫大地水准面?

4. 何谓绝对高程(海拔)? 何谓相对高程?

5. 测绘工程的参考面和参考线是什么?

6. 根据1956年黄海高程系算得A点的高程为213.464 m,若改用1985年国家高程基准,请重新计算A点的高程。

7. 高斯投影如何分带? 为什么要进行分带?

8. 1954年北京坐标系和1980年国家大地坐标系有什么区别?

9. 设某地面点的经度为东经 ,问该点位于6°投影带和3°投影带时分别为第几带? 其中央子午线的经度为多少?

10. 若我国某处地面点A的高斯平面直角坐标值为$X=3\ 234\ 567.89$ m,$Y=38\ 432\ 109.87$ m,问该坐标值是按几度带投影计算而得的? A点位于第几带? 该带中央子午线的经度是多少?

11. 1956年和1980年国家高程基准分别是多少?

12. 何谓系统误差和偶然误差? 偶然误差有哪些统计特性?

13. 衡量精度的指标有哪些?

14. 何谓绝对误差? 何谓相对误差? 各在什么条件下被用来描述观测值的精度?

第二章 水准测量

高程测量指测定地面点高程的工作。

高程测量按所使用的仪器和施测方法的不同，可以分为水准测量、三角高程测量、GPS高程测量和气压高程测量。水准测量是目前精度较高的一种高程测量方法。

第一节 水准测量原理

一、高差法

高差即两点间高程之差。A 点到 B 点的高差为 B 点的高程减去 A 点的高程，即

$$h_{AB} = H_B - H_A$$

假如 A 点的高程是已知的，那么要求出 B 点的高程，关键是要知道 h_{AB} 为多少，而求 h_{AB} 可以通过水准测量来得到。

水准测量的原理是利用水准仪提供的水平视线，读取竖立于两个点上的水准尺的读数（即读取水准尺上的刻度），来测定两点间的高差，再根据已知点高程计算未知点高程。

设水准测量的前进方向是由 A 点（已知）向 B 点（未知），则规定 A 点为后视点，其水准尺读数为 a，称为后视读数；B 点为前视点，其水准尺读数为 b，称为前视读数。

从图 2-1 中可以看出，B 点的高程为 H_B，A 点的高程为 H_A，AB 两点的高差为 h_{AB}，那么

$$h_{AB} + b = a$$

即

$$h_{AB} = a - b \quad (后-前)$$

则

$$H_B = H_A + h_{AB}$$

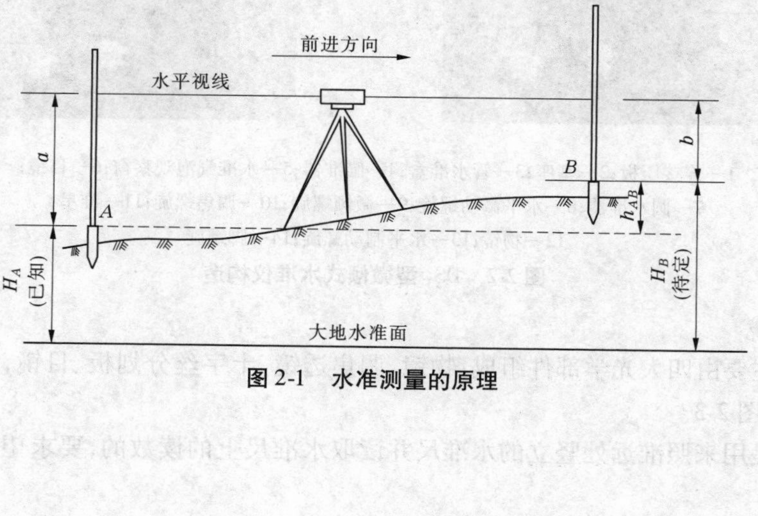

图 2-1 水准测量的原理

二、仪高(视线高)法

$$H_B = H_A + h_{AB} = H_A + a - b = H_i - b \tag{2-1}$$

式中,H_i 为仪器视线高程(水平视线到大地水准面的铅垂距离)。

仪器高法一般适用于安置一次仪器测定多点高程的情况,如线路高程测量、大面积场地平整高程测量。

第二节　水准测量的仪器与工具

水准测量所用的仪器为水准仪,工具为水准尺和尺垫。

一、水准仪

(一)水准仪的精度

水准仪按其精度主要分为 DS_5、DS_1、DS_3、DS_{10}等四个等级。

(二)水准仪的种类

水准仪按其构造可以分为激光水准仪、电子水准仪、自动安平水准仪、微倾式水准仪。

(三)DS_3 型微倾式水准仪的构造

根据水准测量的原理,水准仪的主要作用是提供一条水平视线,并能够瞄准水准尺读数。那么,要能提供一条水平视线,就要求水准仪有一个指示是否水平的水准器,并且要有一个能够将水准器调节至水平状态的部件。要能够瞄准远处的水准尺,就要求水准仪有一个望远镜。因此,水准仪主要由三个部分组成:望远镜、水准器、基座,见图 2-2。

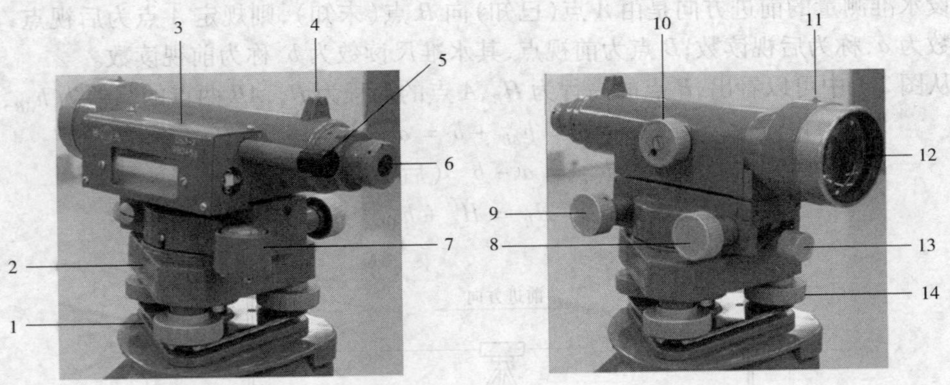

1—连接压板;2—基座;3—管水准盒;4—瞄准器;5—水准气泡观察窗;6—目镜;
7—圆水准器;8—水平微动螺旋;9—微倾螺旋;10—调焦螺旋;11—准星;
12—物镜;13—水平制动螺旋;14—脚螺旋

图 2-2　DS_3 型微倾式水准仪构造

1. 望远镜

望远镜主要由四大光学部件组成:物镜、调焦透镜、十字丝分划板、目镜,另外包括一些调节螺旋,见图 2-3。

望远镜是用来照准远处竖立的水准尺并读取水准尺上的读数的,要求望远镜能看清水

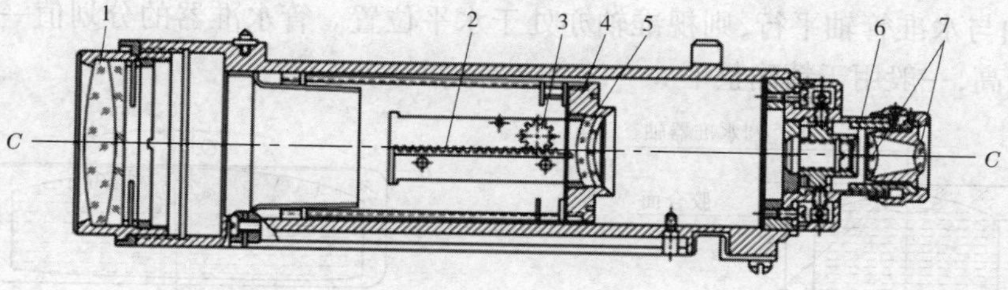

1—物镜;2—齿条;3—调焦齿轮;4—调焦镜座;5—物镜调焦螺旋;
6—十字丝分划板;7—目镜组

图 2-3 DS_3 型微倾式水准仪的望远镜构造

准尺上的分划、注记和读数标志。

为了精确瞄准目标进行读数,望远镜里都安置了十字丝分划板,如图 2-4 所示。十字丝分划板是一块玻璃片,上面刻有两条相互垂直的长线,竖直的一条称为竖丝,横的一条称为中丝。在中丝的上下还对称地刻有两条与中丝平行的短横线,是用来测量距离的,称为视距丝。由视距丝测量出的距离就称为视距,十字丝的交点与物镜光心的连线称为视准轴 CC(见图 2-3)。

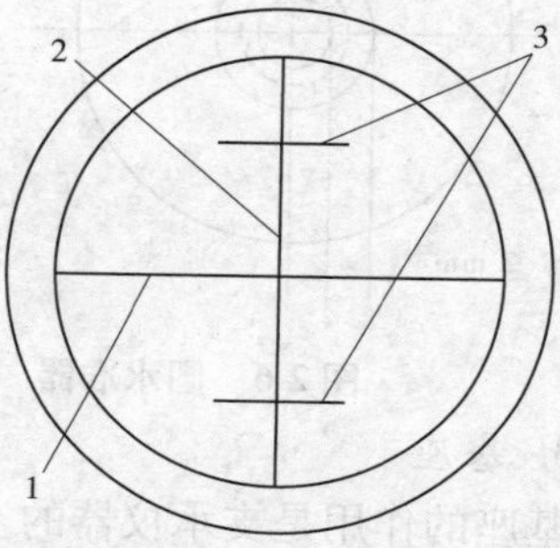

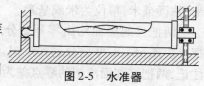

1—十字丝横丝;2—十字丝竖丝;3—视距丝

图 2-4 十字丝分划板

水准测量是在视准轴水平的时候,用十字丝的中丝截取水准尺上的读数。

目标物体发出的光线经物镜、调焦透镜后,在十字丝分划板上成倒立的实像,通过目镜放大后成倒立的虚像,十字丝同时被放大。DS_3 型水准仪放大的倍数一般为 28。DS_3 型微倾式水准仪在目镜端观察到的物体成像是倒立的,而 DZS_3 型自动安平水准仪看到的物体成像是正的。

根据在目镜端观察到的物体成像情况,望远镜可以分为正像望远镜和倒像望远镜。

观测者的眼睛在目镜端上下移动时,目标像与十字丝有相对移动,产生视差。视差会降低读数的精度。产生的原因是目标成像面与十字丝分划板不重合。消除的办法是反复进行物镜、目镜对光。

操作:先旋转目镜调焦螺旋,使十字丝十分清晰;然后旋转物镜调焦螺旋使目标像十分清晰。

2. 水准器

水准器用于置平仪器(见图 2-5)。水准器有管水准器和圆水准器两种。

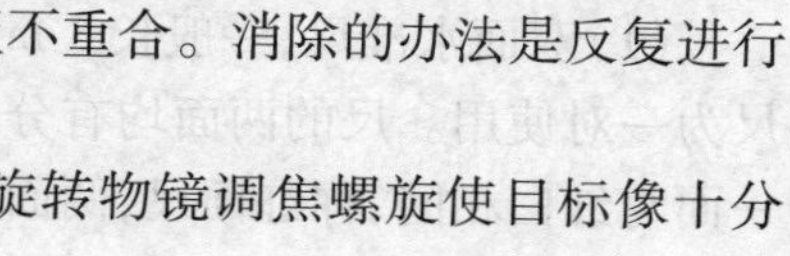

图 2-5 水准器

圆水准器是一个内壁顶面为球面的玻璃圆盒,如图 2-6 所示。球面的正中有圆分划圈,分划圈的中线为圆水准器的零点,通过零点的球面法线称为圆水准器轴,当气泡居中时,圆水准器处于铅垂状态。圆水准器的分化值一般为 8′~10′,精度较低,一般只用于粗略整平。

管水准器是将一个纵向内壁顶面磨成一定半径圆弧的玻璃管,管内装满酒精和乙醚的混合液,加热融封冷却后在管内形成一个空隙(见图 2-7)。水准管圆弧对称点 O 称为水准管的零点,当气泡两端以零点为中心对称时,称为气泡居中,此时水准管轴处于水平位置。

如果视准轴与水准管轴平行,则视准轴亦处于水平位置。管水准器的分划值一般为20″/2 mm,精度较高,一般用于精确整平。

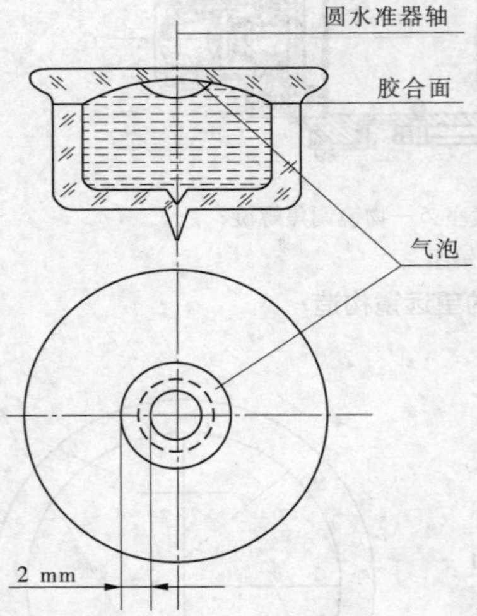

图2-6 圆水准器

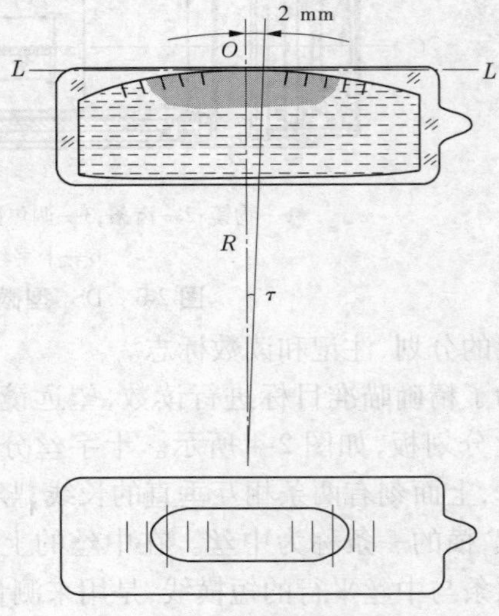

图2-7 管水准器

3. 基座

基座的作用是支承仪器的上部,用中心螺旋将基座连接到三脚架上。基座主要由轴座、脚螺旋、底板和三角压板构成。

二、水准尺和尺垫

(一)水准尺

水准尺一般用优质木材、铝合金或玻璃钢制成,长度2~5 m不等,见图2-8。根据构造可以分为直尺、塔尺和折尺,其中直尺又分为单面分划和双面分划两种。

(1)双面水准尺,一般长3 m,多用于三、四等水准测量,以两把尺为一对使用。尺的两面均有分划,一面为黑白相间,称黑面尺;另一面为红白相间,称红面尺,两面的最小分划均为1 cm,分米处有注记。"E"的最长分划线为分米的起始。读数时直接读取米、分米、厘米,估读毫米,单位为米或毫米。

两把尺的黑面均由零开始分划和注记;红面的分划和注记,一把尺由4.687 m开始分划和注记,另一把尺由4.787 m开始分划和注记,两把尺红面注记的零点差为0.1 m。

(2)塔尺。有3 m、4 m、5 m等多种,常用于碎部测量。

(3)铟钢尺。通常是单面尺,一般长3 m或2 m。常与精密水准仪配套使用,用于国家一、二等水准测量。

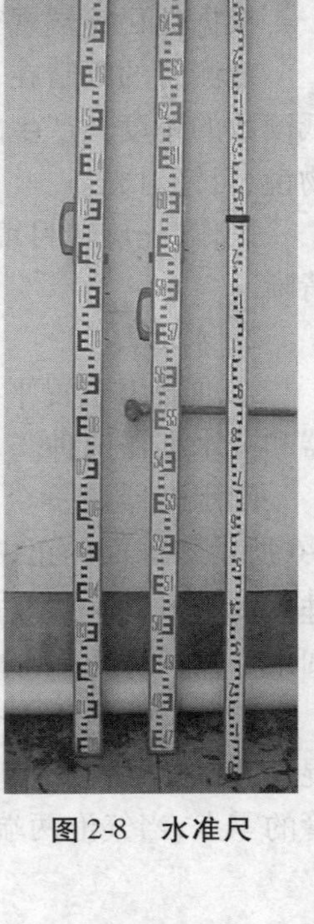

图2-8 水准尺

(二)尺垫

尺垫是在转点处放置水准尺用的,它是用生铁铸成的三角形板座,尺垫中央有一凸起的半球体,便于放置水准尺,下有三个尖足便于将其踩入土中，以固稳防动，见图 2-9。

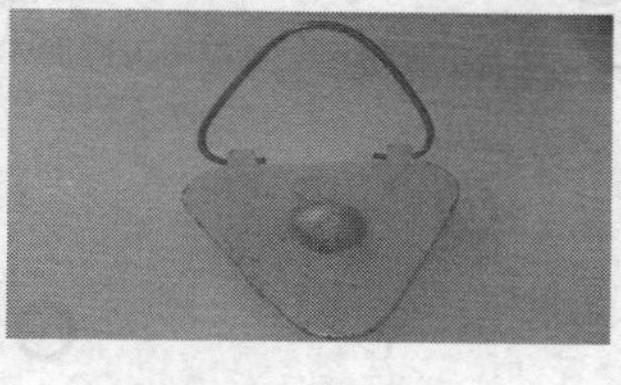

图 2-9　尺垫

第三节　水准测量的外业实施

一、水准点

为统一全国的高程系统和满足各种测量的需要，测绘部门在全国各地埋设并测定了很多高程点，这些点称为水准点（Bench Mark，通常缩写为 BM）。水准点分为临时性水准点和永久性水准点。永久性的国家等级水准点一般用钢筋混凝土制成，并深埋于地下。在建筑工地上的临时性水准点可用大木桩，在木桩的顶端再钉上一颗具有圆球形表面的钉子，木桩周围用水泥混凝土加固制成。

水准点埋设之后，为便于以后使用时寻找，应做点之记，即详细记载水准点所在的位置（如水准点距离某个房子多少米，周围有什么建筑物等）、水准点的编号和高程、测设日期等。有了水准点，我们就可以用它来测其他待定点的高程了。

注：采用某等级的水准测量方法测出其高程的水准点称为该等级水准点；各等水准点均应埋设永久性标石或标志，水准点的等级应注记在水准点标石或标记面上。水准点标石可分为基岩水准标石、基本水准标石、普通水准标石和墙脚水准标石四种。

二、水准测量的实施

（一）单站水准测量

单站水准测量主要步骤包括安置水准仪、粗略整平、瞄准水准尺、精平与读数。

1. 安置水准仪

（1）在线路外选择坚固、平坦、空旷的地方打开三角架，使三角架的三条腿近似等距，架设高度应该适中，架头应该大致水平，架腿制动螺旋应该固紧。

（2）打开仪器箱，双手取出水准仪，将仪器小心地安置到三角架顶面上，用一只手握住仪器，另一只手松开三脚架中心连接螺旋，将仪器固定在三脚架上。

2. 粗略整平

粗略整平是借助圆水准器的气泡居中，使仪器竖轴大致铅直，从而使视准轴粗略水平。如图 2-10（a）所示，气泡未居中而位于 a 处；则先按箭头所指方向，用双手同时相对转动脚螺旋①和②，使气泡移动到位置 b（见图 2-10（b））；再左手转动脚螺旋③，即可使气泡居中。在整平的过程中，气泡移动的方向与左手大拇指运动的方向一致。

3. 瞄准水准尺

（1）将望远镜对着明亮的背景，转动目镜螺旋，使十字丝清晰。

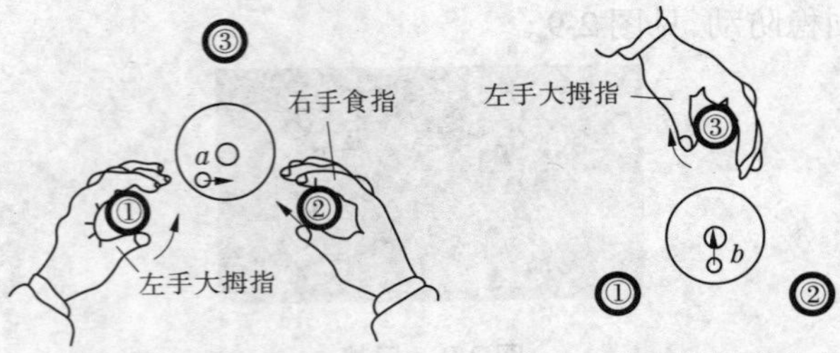

(a)两个脚螺旋转动方向　(b)第三个脚螺旋转动方向

图 2-10　概略整平方法

(2)松开制动螺旋,转动望远镜,采用望远镜镜筒上面的照门和准星瞄准水准尺,然后拧紧制动螺旋。

(3)从望远镜中观察,转动物镜螺旋进行对光,使目标清晰,再转动微动螺旋,使竖丝对准水准尺。

(4)眼睛在目镜端上下微微移动,若十字丝与目标影像有相对移动,则应重新仔细地进行物镜对光,直到读数不变为止。

4. 精平

眼睛通过位于目镜左方的符合气泡观察窗看水准管气泡,右手转动微倾螺旋,使气泡两端的像吻合,即表示水准仪的视准轴已精确水平。

5. 读数

水准仪精平后即可在水准尺上读数,读数要果断准确,可先看好厘米的估读数(即毫米数),然后报出全部读数。一般习惯上直接报四位数字,即米、分米、厘米、毫米,并且以毫米为单位。如图 2-11 中,黑面的读数为 1608,红面的读数为 6295。

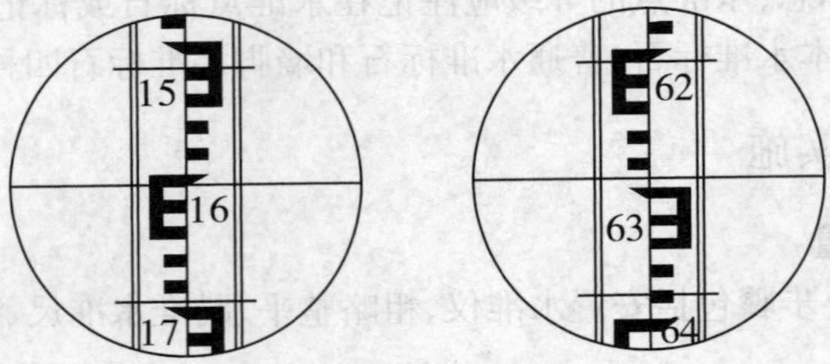

图 2-11　水准仪读数

(二)水准路线测量

如图 2-12 所示,*A* 点是已知点,*B* 点是待求点,如果 *AB* 两点相距很远,或者 *AB* 两点不能通视,那么就需要将 *AB* 分成多段,按水准测量原理,测出各段高差。例如先测出 *A* 和 TP_1 之间的高差 h_1,然后测出 TP_1 和 TP_2 之间的高差 h_2…最后将这些高差累加起来就可以得到 *AB* 之间的高差,再由 *A* 点的已知高程,即可求得 *B* 点高程。TP_1、TP_2 为分段点,起着传递高程的作用,称为转点。转点用 TP 或 ZD 表示,在转点上通常放置尺垫,再把水准尺立在尺垫上面。

安置仪器的位置称为测站,由 *A* 点至 *B* 点所测的路线称为水准路线。按水准路线前进方向,位于测站后方的点为后视,后视点上的水准尺为后视尺,后视点至测站的距离为后视距;位于测站前方的点为前视,前视点上的水准尺为前视尺,前视点至测站的距离为前视距。

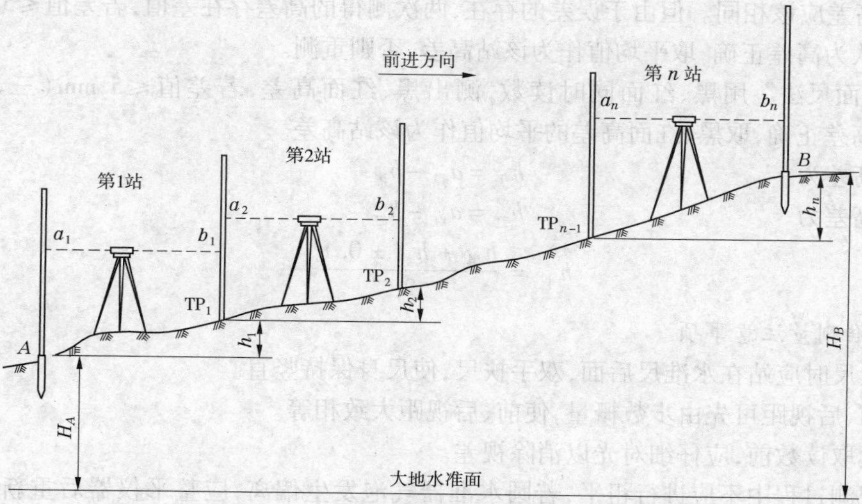

图 2-12　水准路线的施测

1. 水准测量的基本步骤

水准测量的具体步骤,以图 2-12 为例。

若要测 A、B 两点间的高差,先在 A 点立水准尺,然后选择一个点作为转点,在转点上安放尺垫,尺垫上立水准尺。A 点与转点之间距离一般不超过 100 m(按四等要求)。然后在 A 点和转点之间大致中点的位置(为了抵消地球曲率的影响)安置水准仪,按原理读取后、前视读数。将观测的数据填写到相关的表格中,这就是在第一测站上的工作。然后,前视尺不动,后视尺移到第 2 个转点上,再把水准仪搬到 1、2 转点之间(也称为搬站),接着读数,记录。依次前进直到 B 点。

$$h_1 = a_1 - b_1 \qquad H_1 = H_A + h_1$$
$$h_2 = a_2 - b_2 \qquad H_2 = H_1 + h_2$$
$$\vdots \qquad\qquad \vdots$$
$$h_n = a_n - b_n \qquad H_B = H_{n-1} + h_n$$

可得
$$\sum h = \sum a - \sum b \qquad H_B = H_A + \sum h$$

所以
$$h_{AB} = \sum h = h_1 + h_2 + \cdots + h_n$$

2. 水准测量的检核方法

1)计算检核

在实际工作中,我们把水准测量的数据记录在表格中,再计算高差。计算过程中总是难免出错的,为了检查高差是否计算正确,就要进行计算检核。

$\sum h = \sum a - \sum b$(从公式的左右两边来看);比较两种结果,如相等则高差计算正确。

2)测站检核

计算检核只能检核高差计算的正确性与否,但如果某一站的高差由于某种因素测错,那计算检核就无能为力了。因此,我们对每一站的高差都要进行检核,这种检核就称为测站检核,常见的检核方法有双仪高法和双面尺法。

(1)双仪高法。改变仪器的高度(前后尺保持不动),测出两次黑面高差,在理论上这两次测得的高差应该相同。但由于误差的存在，两次测得的高差存在差值，若差值≤5 mm（等外水准），认为高差正确，取平均值作为该站高差，否则重测。

（2）双面尺法。用黑、红面同时读数，测出黑、红面高差，若差值≤5 mm（三、四等水准），认为高差正确，取黑、红面高差的平均值作为该站高差。

黑面高差为 $$h_{黑}=a_{黑}-b_{黑}$$

红面高差为 $$h_{红}=a_{红}-b_{红}$$

$$h_{平}=\frac{h_{黑}+h_{红}\pm 0.1}{2}$$

3. 水准测量注意事项

（1）立尺时应站在水准尺后面，双手扶尺，使尺身保持竖直。

（2）前、后视距可先由步数概量，使前、后视距大致相等。

（3）读取读数前，应仔细对光以消除视差。

（4）观测过程中不应进行粗平，若圆水准器气泡发生偏离，应整平仪器后重新观测；每次读数时都应进行精平。

（5）测量完毕后，应立刻检核，一旦误差超限，应立即重测。

第四节　水准测量的内业计算

在水准测量的观测、记录等外业工作完成后，就要转入内业计算阶段。由于在外业阶段受到各种误差的影响，测量成果精度降低。这些影响在某一个测站上反映可能不明显，在测站上进行测站检核是符合要求的，但随着测站数的增多，会使误差积累起来。这种积累可能导致测量成果超出限差要求，因此需要进行水准测量路线成果检核。

高差闭合差 f_h：一条水准路线高差测量值之和与高差理论值之和的差值，即 $f_h=\sum h_{测}-\sum h_{理}$。高差闭合差的允许值为 $f_{h允}$，各等级水准测量，规范中有相应的要求。当 $f_h<f_{h允}$ 时，成果合格，否则成果不合格，需重测。

一、水准路线

所谓水准路线，就是进行水准测量所经过的路线。其布设的形式主要有附合水准路线（见图2-13（a））、闭合水准路线（见图2-13（b））、支水准路线（见图2-13（c））。

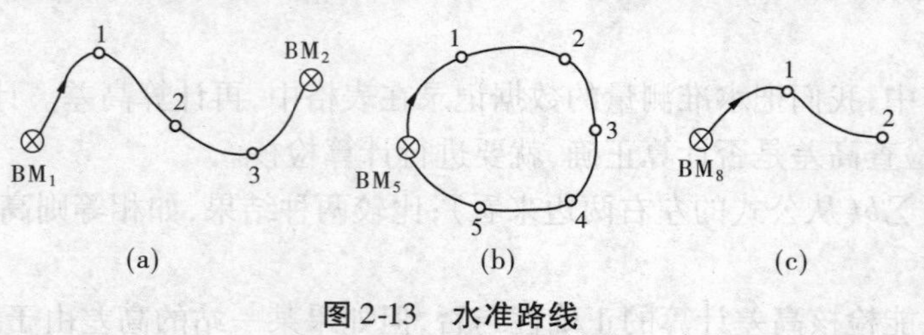

图2-13　水准路线

（一）附合水准路线

附合水准路线即从一已知水准点 BM_1 出发，沿着各个待定高程的点逐站进行水准测量，最后附合到另一个已知水准点 BM_2 上。显然，从 BM_1 测到 BM_2 的高差之和为：$\sum h_{理} = H_{终} - H_{起}$，即附合水准路线的检核条件。

（二）闭合水准路线

闭合水准路线即从已知水准点出发，沿环线对各个待定高程的点逐站进行水准测量，最后又回到出发点，显然有：$\sum h_{理} = 0$，即闭合水准路线的检核条件。

（三）支水准路线

支水准路线即从已知水准点出发，沿着各个待定高程的点逐站进行水准测量，然后又沿原路返回测到已知水准点。显然，从已知水准点出发时所测得的高差等于返回时所测得的高差：$\sum h_{理} = (\sum h_{往} + \sum h_{返})_{理}$，即支水准路线的检核条件。

以附合水准路线为例进行内业计算（见表 2-1）。

表 2-1 附合水准路线高程误差配赋表

点号	距离（km）	高差中数（m）	改正数（mm）	改正后的高差（m）	改正后点的高程（m）
A					10.000
	0.82	0.250	+4	+0.254	
1					10.254
	0.54	0.302	+3	+0.305	
2					10.559
	1.24	−0.472	+6	−0.466	
3					10.093
	1.40	−0.357	+7	−0.350	
B					9.743
$\sum$	4	−0.277	+20	−0.257	

二、计算步骤

（一）高差闭合差的计算与调整

1. 计算

根据附合水准路线的限制条件，应有 $\sum h_{理} = H_{终} - H_{起}$

$\sum h = -0.277$ m，$H_{终} - H_{起} = -0.257$ m。两者并不相等，这两者之间的差值为

$$f_h = \sum h - (H_{终} - H_{起}) = -20 \text{ mm}$$

对于等外水准测量

$f_{h容} = \pm 40\sqrt{L}\text{mm} = \pm 80$ mm （L 为路线长，以 km 计）（山地）

$f_{h容} = \pm 12\sqrt{N}\text{mm} = \pm 24$ mm （N 为测站数）（平地）

$f_h < f_{h容}$，因此精度符合要求。

2. 调整

调整计算就是要将高差闭合差按照一定的规则分配到各个测站所测得的高差中，这样就消除了高差闭合差，使得附和水准路线的限制条件得以满足。

(1)基本原则:将高差闭合差按与测站数(或路线长度)成正比原则反号分配到各段高差中去。

(2)计算方法:

$$V_i = -L_i/L \times f_h \quad 或 \quad V_i = -N_i/N \times f_h$$

检核:

$$\sum V_i = -f_h$$

式中,V_i 为第 i 站的改正数;L_i 为第 i 段的水准路线长度;L 为总的路线长度;N_i 为第 i 段的水准路线所包括的测站数;N 为总的测站数。

(二)计算改正后的各段高差

计算:

$$h'_i = h_i + V_i$$

式中,h'_i 为第 i 段改正后的高差。

检核:

$$\sum h'_i = H_{终} - H_{起}$$

(三)推算各未知点的高程

计算: $H_1 = H_{起} + h'_1$, $H_2 = H_1 + h'_2$, $H_3 = H_2 + h'_3$, $H_{终} = H_{n-1} + h'_{终}$

检核:

$$H_{终计} = H_{终已知}$$

闭合水准路线的内业计算步骤也是一样的,但要注意限制条件发生了变化。

支水准路线的高差闭合差:

$$f_h = \sum h_{测} - \sum h_{理} = \sum h_{测} = (\sum h_{往} + \sum h_{返})_{测}$$

支水准路线改正后的高差:$h' = \dfrac{h_{往} - h_{返}}{2}$

第五节　三、四等水准测量

一般用于国家高程控制网加密(增加密度,国家一、二等水准控制点比较稀疏,水准点之间的距离较大,因此为满足工程建设的需要,还要在国家一、二等高程控制网的基础上进行三、四等水准测量,增加国家高程控制网的密度),也可作为小地区首级高程控制。

一、三、四等水准测量的技术要求

三、四等水准测量的技术要求见表2-2。

表2-2　三、四等水准测量的技术要求

等级	视线长度(m)	前、后视距差(m)	前、后累积视距差(m)	红、黑面读数差(mm)	红、黑面高差之差(mm)
三等	≤65	≤3	≤6	≤2	≤3
四等	≤80	≤5	≤10	≤3	≤5

二、三、四等水准测量的观测方法

(一)测站观测程序

测站水准测量程序为后黑(上、下、中)—前黑(上、下、中)—前红(中)—后红(中)。

(1)后视水准尺黑面,精平,读上、下、中丝读数,记入表 2-3 中(1)、(2)、(3)位置。

(2)前视水准尺黑面,精平,读上、下、中丝读数,记入表 2-3 中(4)、(5)、(6)位置。

(3)前视水准尺红面,精平后读中丝读数,记入表 2-3 中(7)位置。

(4)后视水准尺红面,精平后读中丝读数,记入表 2-3 中(8)位置。

这种观测顺序简称为后—前—前—后。

表 2-3　四等水准测量观测记录表

测站编号	点号	后尺 下丝 / 上丝	前尺 下丝 / 前尺 上丝	方向及尺号	水准尺读数(m) 黑面	水准尺读数(m) 红面	K+黑-红(mm)	平均高差(m)	备注
		后视距	前视距						
		视距差 d	$\sqrt{d}$(m)						
		(1)	(4)	后	(3)	(8)	(14)		
		(2)	(5)	前	(6)	(7)	(13)		
		(9)	(10)	后-前	(15)	(16)	(17)	(18)	
		(11)	(12)						$K_7=4787$
1	BM1-T1	1536	1030	后 7	1242	6030	-1		$K_6=4687$
		0947	0442	前 6	0736	5422	+1		
		58.9	58.8	后-前	0506	0608	-2	+0.507	
		+0.1	+0.1						

(二)测站计算与检核

1. 视距计算与检核(单位为 m)

简记为:(3、3、5、5、10 对应项目为(13)、(14)、(17)、(11)、(12)),即前尺的红、黑面之差,后尺的红之差,黑高差之差,前、后视距差,视距累计差。

后视距(9) = 后[下丝读数(1) - 上丝读数(2)] ×100

前视距(10) = 前[下丝读数(4) - 上丝读数(5)] ×100

前、后视距差(11) = 后视距(9) - 前视距(10)　(四等应≤|5|m,三等应≤|3|m)

前、后累积视距差(12) = 上站(12) + 本站视距差(11)　(四等应≤|10|m,三等应≤|5|m)

2. 水准尺读数检核(单位:mm)

同一水准尺黑面与红面读数差的检核。

前尺黑、红面读数差(13) = 黑面中丝(6) + K_1 - 红面中丝(7)　(四等应≤|3|mm,三等应≤|2|mm)

后尺黑、红面读数差(14) = 黑面中丝(3) + K_2 - 红面中丝(8)　(四等应≤|3|mm,三等应≤|2|mm)

3. 高差计算与检核(单位:m)

黑面高差(15) = 后视黑面中丝(3) - 前视黑面中丝(6)

红面高差(16) = 后视红面中丝(8) - 前视红面中丝(7)

红、黑面高差之差 (17) = 黑面高差(15) - [红面高差(16) ±0.1]

或　　红、黑面差之差 = 后尺黑、红面读数差(14) − 前尺黑、红面读数差(13)

要求：四等应≤|5|mm，三等应≤|3|mm。

高差中数 (18) = [黑面高差(15) + 红面高差(16) ±0.1]/2

4. 每页记录计算检核(单位：m)

为了防止计算上的错误，还要进行计算检核。

高差检核$\sum(3)-\sum(6)=\sum(15)$

$\sum(8)-\sum(7)=\sum(16)$

$\sum(15)+\sum(16)=\sum(18)$(偶数站) $=\sum(18)\pm0.1$ (奇数站)

视距检核$\sum(9)-\sum(10)=$ 末站$\sum(12)$

三、三、四等水准测量的内业计算

水准测量成果处理是根据已知点高程和水准路线的观测高差，求出待定点的高程值。

三、四等附合或闭合水准路线高差闭合差的计算、调整方法与普通水准测量相同。其高差闭合差的限差为：$f_{h容}=\pm20\sqrt{L}$mm(L 为路线长，以 km 计) $=\pm6\sqrt{L}$mm(N 为测站数)。

第六节　自动安平水准仪和精密水准仪简介

一、自动安平水准仪

自动安平水准仪的结构特点是没有管水准器和微倾螺旋。它是在水准仪视准轴有稍微倾斜的时候通过一个自动补偿装置使视线水平。

国产自动安平水准仪的型号是在 DS 中加字母 Z，即 DZS_{05}、DZS_1、DZS_3、DZS_{10}，其中 Z 代表“自动安平”汉语拼音的第一个字母。

自动安平水准仪用补偿器代替水准器，能使仪器的视准轴在 1 ~ 2 s 内自动、精确、可靠地安放在水平位置。

二、精密水准仪和精密水准尺

(一) 精密水准仪的构造(徕卡 N_3 型精密水准仪)

用途：精密水准仪主要用于国家一、二等水准测量，地震水准测量，精密工程测量和变形观测。例如，建(构)筑物的沉降观测、大型桥梁工程的施工测量和大型精密设备安装测量等。

它由平行玻璃板、测微尺、传动杆和测微螺旋等构件组成。

如图 2-14 所示，平行玻璃板安装在物镜前，它与测微尺间用带有齿条的传动杆连接，当旋转测微螺旋时，传动杆带动平行玻璃板绕其旋转轴做俯仰倾斜。视线经过倾斜的平行玻璃板时产生上下平行移动，可以使原来并不对准尺上某一分划的视线能够精确对准某一分划，从而读到一个整分划读数(图中的 148 cm 分划)，而视线在尺上的平行移动量则由测微尺记录下来，测微尺的读数通过光路成像在测微尺读数窗内。

平行玻璃板测微器，它的最大视线平移量为 1 cm，它对应测微尺上的 100 个分格，测微尺上 1 个分格等于 0.01 cm，可估读到 0.001 cm。

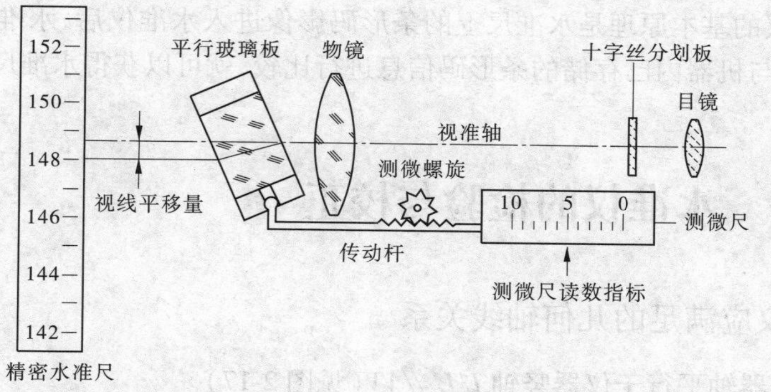

图 2-14 精密水准仪构造

(二)精密水准尺的构造(因瓦水准尺)

图 2-15(a)为徕卡公司生产的新 N_3 型精密水准仪配套的精密水准尺,图 2-15(b)是国产的 DS_1 型精密水准仪配套的精密水准尺。

图 2-15(a)中水准尺全长约 3.2 m,尺是木质的,在尺子中央的凹槽内安置了一根因瓦合金钢带。钢带的零点端固定在尺身上,另一端用弹簧牵引着,这样就可以使因瓦合金钢带不受尺子伸缩变形的影响。在因瓦合金钢带上刻有两排分划,左边一排分划为基本分划,数字注记为 0 ~ 300 cm,右边一排分划为辅助分划,数字注记为 300 ~ 600 cm,基本分划与辅助分划的零点相差一个常数 301.55 cm,此常数称为基辅差或尺常数。

图 2-15 精密水准尺

三、数字水准仪和条形码水准尺

数字水准仪是在仪器望远镜光路中增加了分光镜和光电探测器等部件,采用条形码分划水准尺和图像处理电子系统构成光、机、电及信息存储与处理的一体化水准测量系统,见图 2-16。

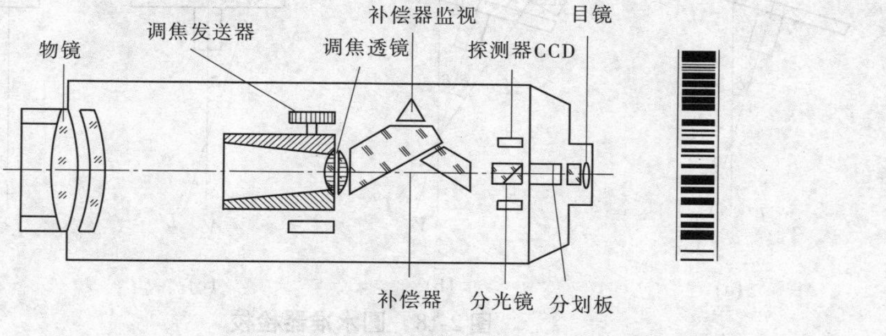

图 2-16 数字水准仪

数字水准仪能够自动记录、检核和存储测量结果,大大提高了水准测量的速度和效率,而且数字水准仪测量结果的精度高,不会存在读错、记错的问题。

数字水准仪的基本原理是水准尺上的条形码影像进入水准仪后，水准仪将光信号转换为数字信号，并与机器内已存储的条形码信息进行比较，就可以获得水准尺上的水平视线读数和视距读数。

第七节　水准仪的检验与校正

一、水准仪应满足的几何轴线关系

（1）圆水准器轴平行于仪器竖轴 $L'L' /\!/ VV$（见图 2-17）。

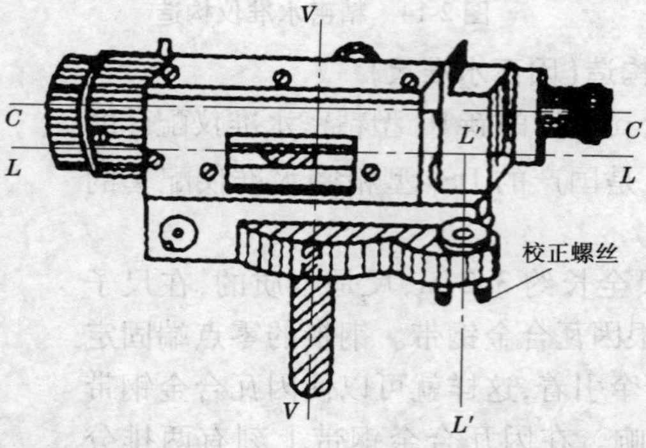

图 2-17　水准仪主要轴线关系

（2）水准管轴应平行于视准轴 $LL /\!/ CC$。

（3）十字丝横丝应垂直于仪器竖轴。

二、水准仪的检验与校正

（一）圆水准器轴平行于仪器竖轴的检校

（1）检验：圆水准气泡居中，旋转 180°，看气泡是否还居中（见图 2-18（a）、（b））。

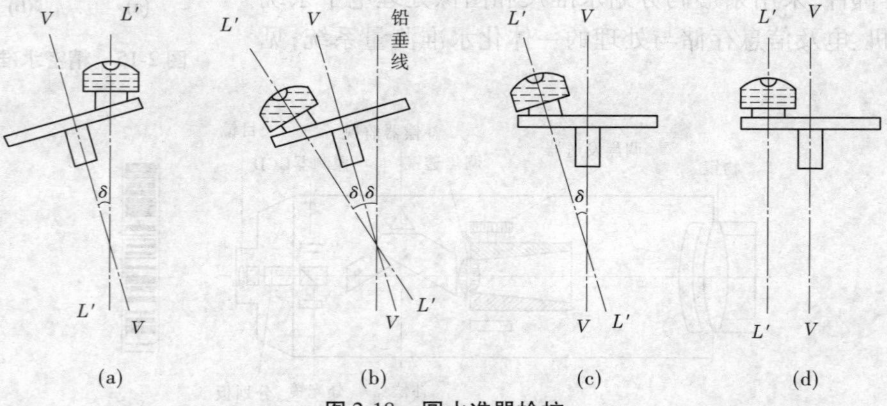

图 2-18　圆水准器检校

（2）校正：转动脚螺旋使气泡移回偏离的一半，然后拨动校正螺丝，使气泡居中（或先用校正螺丝校正一半，再用脚螺旋整平）。此项工作要反复进行（见图 2-18（c）、（d））。

(二)十字丝横丝应垂直于仪器竖轴的检校

(1)检验:安置仪器后,用十字丝横丝的一端对准一明显标志点 P(见图 2-19),调微动螺旋,转动水准仪,看点 P 是否始终在横丝上移动。

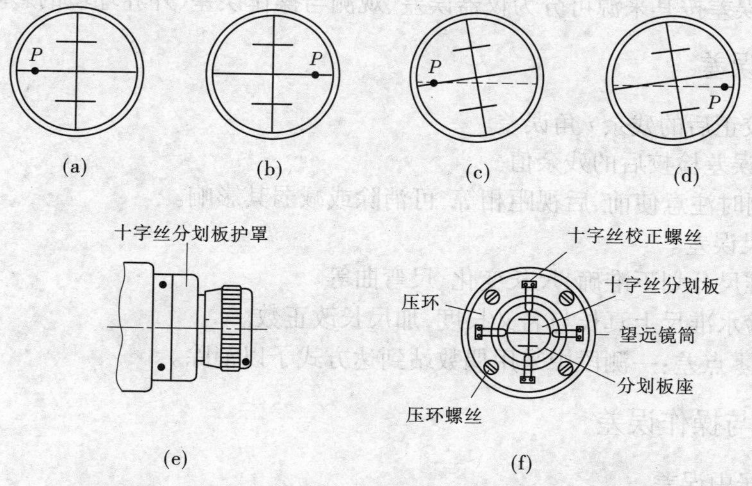

图 2-19　十字丝检校

(2)校正:松开分划板座固定螺丝,转动分划板,使目标始终在横丝上移动。

(三)水准管轴应平行于视准轴的检校

水准管轴与视准轴不平行,存在一个角,称 i 角(见图 2-20)。

(1)检验:

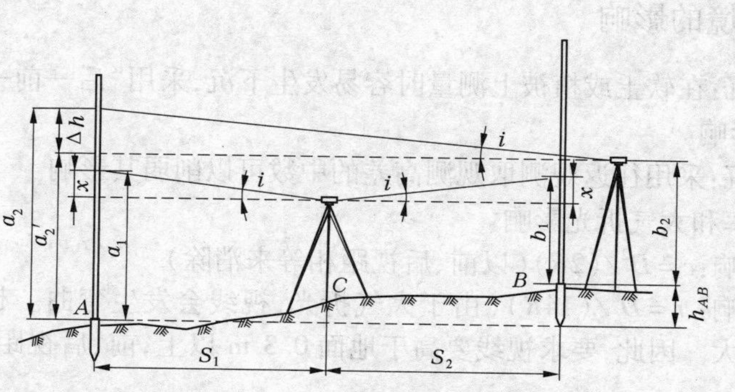

图 2-20　i 角检校

①将仪器置于与 AB 等距位置,测出 h_{AB}(i 角误差相抵消)。

②将仪器置于与 B 点很近的位置,测出 h'_{AB}(B 点 i 角误差忽略,A 点受 i 角误差影响读数产生偏差为 Δh)。

计算:$\Delta h = h'_{AB} - h_{AB}$;$h'_{AB} = a_2 - b_2$;$\Delta h_B = a_2 - b_2 - (a'_2 - b_2) = a_2 - a'_2$

$$i = (\Delta h / S_{AB}) \times \rho \quad (\text{其中 } \rho = 206\ 265'')$$

若 i 角大于 20″,需校正。

(2)检校:调微倾螺旋,使水准仪横丝对准正确读数 $a'_2 = h_{AB} + b_2$;再调节水准管校正螺丝使水准管气泡居中,搬仪器于另一点检核。注意:此项检校须经常进行。

第八节　水准测量的误差分析

水准测量误差按其来源可分为仪器误差、观测与操作误差、外界环境的影响。

一、仪器误差

(1)仪器校正后的残余 i 角误差。
原因:i 角误差检校后的残余值。
方法:观测时注意使前、后视距相等,可消除或减弱其影响。
(2)水准尺误差。
原因:水准尺分划不准确、尺长变化、尺弯曲等。
方法:检验水准尺上真长与名义长度,加尺长改正数。
水准尺的零点差:一测段中采用偶数站到达方式予以消除。

二、观测与操作误差

(1)气泡居中误差。
(2)读数误差。
(3)水准尺倾斜(尤其注意前后倾斜)。
(4)视差的影响。
这些误差须严格认真操作、准确读数,以避免误差的影响。

三、外界环境的影响

(1)仪器下沉:在软土或植被上测量时容易发生下沉,采用"后—前—前—后"的观测顺序,可以削弱其影响。
(2)尺垫下沉:采用往返观测取观测高差的中数可以削弱其影响。
(3)地球曲率和大气折光影响。
地球曲率影响:$c = D^2/(2R)$(以前、后视距相等来消除)
大气折光影响:$r = D^2/(14R)$(由于大气折光,视线会发生弯曲。越靠近地面,光线折射的影响也就越大。因此,要求视线要高于地面 0.3 m 以上,前、后视距相等也可消减该影响。
温度影响:观测时应注意撑伞遮阳。

第九节　实验操作

测量实验与实习须知

一、实验与实习目的及有关要求

(1)测量实验与实习的目的一方面是验证、巩固课堂所学的知识;另一方面是熟悉测量仪器的构造和使用方法，培养学生进行测量工作的基本操作技能，使学到的理论与实践紧密结合。

(2)在实验或实习课前，应复习教材中的有关内容，认真仔细地预习实验或实习指导书，明确目的要求、方法步骤及注意事项，以保证按时完成实验和实习任务中相应项目。明确目的要求、方法步骤及注意事项，以保证按时完成实验和实习任务。

(3)实习分小组进行，组长负责组织和协调实习工作，办理仪器工具的借领和归还手续。每人都必须认真、仔细地操作，培养独立工作能力和严谨的科学态度，同时要发扬互相协作的精神。实验或实习应在规定时间内进行，不得无故缺席或迟到早退；不得擅自改变地点或离开现场。实验或实习过程中或结束时，发现仪器工具有遗失、损坏情况，应立即报告指导老师，同时要查明原因，根据情节轻重，给予适当赔偿和处理。

(4)实验或实习结束时，应提交书写工整、规范的实验报告和实习记录，经实习指导教师审阅同意后，才可交还仪器工具，结束工作。

二、使用测量仪器、工具注意事项

以小组为单位到指定地点领取仪器、工具，借领时，应当场清点检查，如有缺损，可以报告实验室管理员给予补领或更换。

(1)携带仪器前，注意检查仪器箱是否扣紧、锁好，拉手和背带是否牢固，并注意轻拿轻放。开箱时，应将仪器箱放置平稳。开箱后，记清仪器在箱内安放的位置，以便用后按原样放回。提取仪器时，应双手握住支架或基座轻轻取出，放在三脚架上，保持一手握住仪器，一手拧紧连接螺旋，使仪器与三脚架牢固连接。仪器取出后，应关好仪器箱，严禁箱上坐人。

(2)不可置仪器于一旁而无人看管。应撑伞，防止仪器被日晒雨淋。

(3)若发现透镜表面有灰尘或其他污物，须用软毛刷和镜头纸轻轻拂去。严禁用手帕、粗布或其他纸张擦拭，以免磨坏镜面。

(4)各制动螺旋勿拧过紧，以免损伤，各微动螺旋勿旋转至尽头，防止失灵。

(5)近距离搬站，应放松制动螺旋，一手握住三脚架放在肋下，一手托住仪器，放置胸前稳步行走。不准将仪器斜扛肩上，以免碰伤仪器。若距离较远，必须装箱搬站。

(6)仪器装箱时，应松开各制动螺旋，按原样放回后试关一次，确认放妥后，再拧紧各制动螺旋，以免仪器在箱内晃动，最后关箱上锁。

(7)水准尺、标杆不准用作担抬工具，以防弯曲变形或折断。

(8)使用钢尺时，应防止扭曲、打结和折断，防止行人踩踏和车辆碾压，以免尺身着水。携尺前进时，应将尺身离地提起，不得在地面上拖行，以防损坏刻划。用完钢尺，应擦净、涂油，以防生锈。

三、记录与计算规则

(1)实验所得各项数据的记录和计算，必须按记录格式用2H铅笔认真填写。字迹应清楚并随观测随记录。不准先记在草稿纸上，然后誊入记录表中，更不准伪造数据。

观测者读出数字后，记录者应将所记数字复诵一遍，以防听错、记错。

(2)记录错误时，不准用橡皮擦去，不准在原数字上涂改，应将错误的数字划去并把正确的数字写在原数字的上方。记录成果修改后或观测成果废去后，都应在备注栏说明原因

（如测错、记错或超限等）。

（3）禁止连续更改数字，例如：水准测量中的红、黑面读数；角度测量中的盘左、盘右读数；距离丈量中的往测与返测结果等，均不能同时更改，否则，必须重测。

简单的计算与必要的检核，应在测量现场及时完成，确认无误后方可迁站。

（4）数据运算应根据所取数字，按“四舍六入，遇五奇进偶不进”的规则进行数字凑整。

实验一　微倾式水准仪的认识

一、实习目的

（1）了解水准仪的原理、构造。

（2）掌握水准仪的使用方法、读数方法。

二、仪器设备

每组 DS_3 型水准仪 1 台、水准尺 1 对、尺垫 2 块，记录板 1 个；自备铅笔、小刀和计算器。

三、实习任务

每组每位同学完成水准仪的安置、整平工作（达到每次时间以不超过 20 s 为宜）、熟练进行水准尺读数。

四、实习要点及流程

（1）要点：水准仪安置时，要掌握水准仪圆水准气泡的移动方向始终与操作者左手旋转脚螺旋的方向一致这条规律。读数时，要记住水准尺的分划值是 1 cm，估读至 mm，共读 4 位数字。

（2）流程：架上水准仪→整平仪器→符合气泡居中→读取水准尺上读数→记录。

五、实习记录

（1）写出图 2-21 中水准仪各部件的名称。

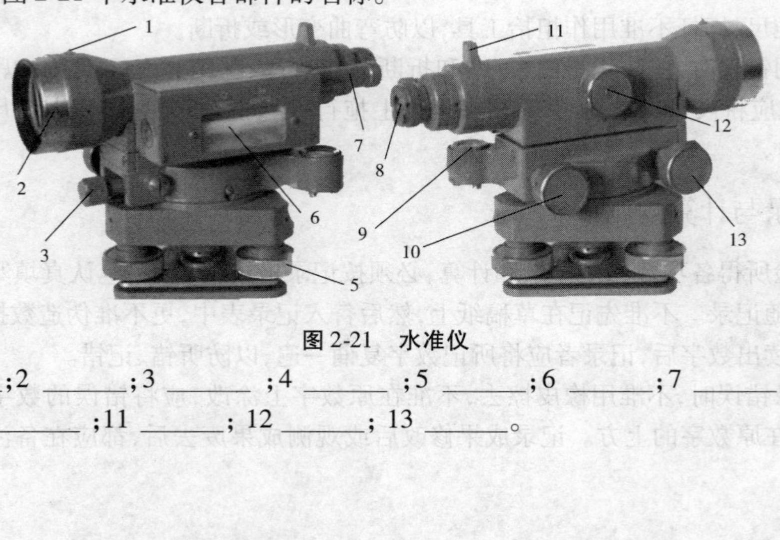

图 2-21　水准仪

1 ______；2 ______；3 ______；4 ______；5 ______；6 ______；7 ______；8 ______；9 ______；10 ______；11 ______；12 ______；13 ______。

(2)水准仪粗略整平的步骤是:

(3)水准仪照准水准尺的步骤是:

(4)水准尺读数的步骤是:

(5)消除视差的方法是:

实验二　微倾式水准仪及自动安平水准仪的认识和使用

高程是确定地面点位的主要参数之一,水准测量是高程测量的主要方法之一,水准仪是水准测量所使用的仪器。本实验通过对微倾水准仪及自动安平水准仪的认识和使用,使同学们熟悉水准测量的常规仪器、附件、工具,正确掌握水准仪的操作。

一、实验性质

验证性实验,实验学时数安排为 1~2 学时。

二、目的和要求

(1)了解微倾式水准仪及自动安平水准仪的基本构造和性能,以及各螺旋名称及作用,掌握使用方法。

(2)了解脚架的构造、作用,熟悉水准尺的刻划、标注规律及尺垫的作用。

(3)练习水准仪的安置、瞄准、精平、读数、记录和计算高差的方法。

三、仪器和工具

(1)微倾式水准仪 1 台、自动安平水准仪 1 台、脚架 1 个、水准尺 2 根、尺垫 2 个、记录板 1 块、测伞 1 把。

(2)自备铅笔、草稿纸。

四、方法步骤

(1)仪器介绍。指导教师现场通过演示讲解水准仪的构造、安置及使用方法,水准尺的刻划、标注规律及读数方法。

(2)选择场地架设仪器。从仪器箱中取水准仪时,注意仪器装箱位置,以便用后装箱。

(3)认识仪器。对照实物正确说出仪器的组成部分、各螺旋的名称及作用。

(4)粗整平。先用双手按相对(或相反)方向旋转一对脚螺旋,观察圆水准器气泡移动方向与左手拇指运动方向之间的运行规律，再用左手旋转第三个脚螺旋，经过反复调整使圆水准器气泡居中。

(5)瞄准。先将望远镜对准明亮背景，旋转目镜调焦螺旋，使十字丝清晰；再用望远镜瞄准器照准竖立于测点的水准尺，旋转对光螺旋进行对光；最后旋转微动螺旋，使十字丝的竖丝位于水准尺中线位置上或尺边线上，完成对光，并消除视差。

(6)精平(自动安平水准仪无此步骤)。旋转微倾螺旋，从符合水准气泡观测窗观察气泡的移动，使两端气泡吻合。

(7)读数。用十字丝中丝读取米、分米、厘米，估读出毫米位数字，并用铅笔记录。

如图 2-22 所示，十字丝中丝的读数为 0907 mm，或 0. 907 m。十字丝下丝的读数为 0989 mm(或 0. 989 m)，十字丝上丝的读数为 0825 mm(或 0. 825 m)。

(8)计算。读取立于两个或更多测点上的水准尺读数，计算不同点间的高差。

(9)交换。使用微倾式水准仪及相应水准尺的小组同使用自动安平水准仪及相应水准尺的小组互换仪器及工具，重复以上 8 步操作。

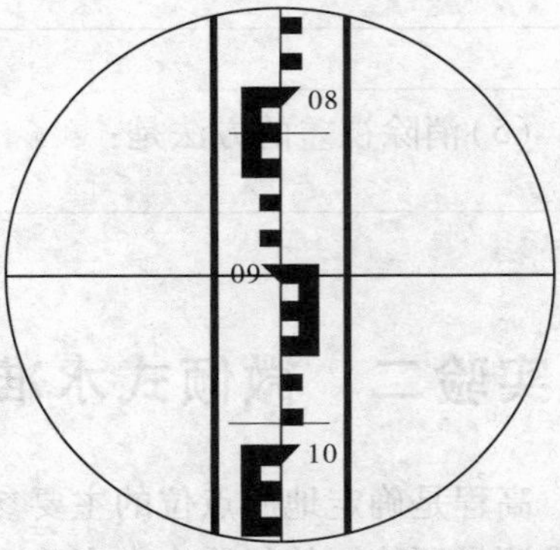

图 2-22　观测水准尺读数

五、注意事项

(1)三脚架应支在平坦、坚固的地面上，架设高度应适中，架头应大致水平，架腿制动螺旋应紧固，整个三脚架应稳定。

(2)安放仪器时应将仪器连接螺旋旋紧，防止仪器脱落。

(3)各螺旋的旋转应稳、轻、慢，禁止用蛮力，最好使用螺旋运行的中间位置。

(4)瞄准目标时必须注意消除误差，应习惯先用瞄准器寻找和瞄准。

(5)立尺时，应站在水准尺后，双手扶尺，以使尺身保持竖直。

(6)读数时不要忘记精平。

(7)做到边观测、边记录、边计算。记录应使用铅笔。

(8)避免水准尺靠在墙上或电杆上，以免摔坏；禁止用水准尺抬物，禁止坐在水准尺及仪器箱上。

(9)发现异常问题应及时向指导教师汇报，不得自行处理。

六、上交资料

实验结束后将测量实验报告以小组为单位装订成册上交。

测量实验报告

姓名________学号 ________班级________ 指导教师________ 日期 ______

[实验名称]

[目的与要求]

[仪器和工具]

[主要步骤]

[各部件名称及作用]

各部件名称及作用见表2-4。

表2-4

部件名称	功能
准星和照门	
目镜调焦螺旋	
物镜对光螺旋	
制动螺旋	
微动螺旋	
脚螺旋	
圆水准器	
管水准器	

[观测记录]

观测记录见表2-5。

表2-5 水准仪观测记录

点名	后视读数	前视读数	高差	备注
1				仪器号______
2				
3				
4				
5				
6				

[体会及建议]

[教师评语]

实验三　普通水准测量

水准路线一般布置成闭合、附合、支线的形式。本实验通过对一条闭合水准路线按普通水准测量的方法进行施测,使同学们掌握普通水准测量的方法。

一、实验性质

综合性实验,实验学时数安排为2~3学时。

二、目的和要求

(1)练习水准路线的选点、布置。
(2)掌握普通水准测量路线的观测、记录、计算检核及集体配合、协调作业的施测过程。
(3)掌握水准测量路线成果检核及数据处理方法。
(4)学会独立完成一条闭合水准测量路线的实际作业过程。

三、仪器和工具

(1)水准仪1台、脚架1个、双面水准尺2根、尺垫2个、木桩4~5个、斧头1把、记录板1块、测伞1把。
(2)自备铅笔、计算器。

四、方法步骤

(1)领取仪器后,根据教师给定的已知高程点在测区选点。选择4~5个待测高程点,钉木桩并标明点号,形成一条闭合水准路线。
(2)在已知高程点(起点)与第一个转点大致中间位置架设水准仪,在两点上竖水准尺。
(3)仪器整平后便可进行观测,同时记录观测数据。用双仪器高法(或双尺面法)进行测站检核。
(4)第一站施测完毕,检核无误后,将水准仪搬至第二站,第一个待测点上的水准尺位置不变,尺面转向仪器;另一把水准尺竖立在第二个待测点上,进行观测,依此类推。
(5)当两点间距离较长或两点间的高差较大时,在两点间可选定一或两个转点作为分段点,进行分段测量。在转点上立尺时,尺子应立在尺垫上的凸起物顶上。
(6)水准路线施测完毕后,应求出水准路线高差闭合差,以对水准测量路线成果进行检核。
(7)在高差闭合差满足要求($f_{h容}=\pm 40\sqrt{L}$,单位mm)时,对闭合差进行调整,求出数据处理后各待测点高程。

五、注意事项

(1)前、后视距应大致相等。
(2)读取读数前,应仔细对光以消除视差。
(3)每次读数时,都应精平(转动微倾螺旋,使符合式气泡吻合),并注意勿将上、下丝的读数误读成中丝读数。

(4)观测过程中不得进行粗平。若圆水准器气泡发生偏离,应整平仪器后重新观测。

(5)应做到边测量、边记录、边检核,误差超限应立即重测。

(6)双仪器高法进行测站检核时,两次所测得的高差之差应小于等于 6 mm;双面尺法检核时,两次所测得的高差尾数之差应小于等于 5 mm(两次所测得的高差,因尺常数不同,理论值应相差 0.1 m)。

(7)尺垫仅在转点上使用,在转点前后两站测量未完成时,不得移动尺垫位置。

(8)闭合水准路线高差闭合差 $f_h = \sum h$,容许值 $f_{h容} = \pm 40\sqrt{L}$,单位 mm。

六、上交资料

实验结束后将普通水准测量记录(见表 2-6)以小组为单位装订成册上交。

表 2-6　普通水准测量记录表

日期：____年____月____日　天气：________　仪器型号：________　观测者：________

开始时间：____时____分　结束时间：____时____分　记录者：________

测站	点号	视距	标尺读数		高差		高程	备注
			后视	前视	+	−		
Σ								
计算校核	$\sum a-\sum b=$　　$\sum h=$ $f_h=$　　$f_{h容}=\pm 40\sqrt{L}=$							

实验四　四等水准测量

一、实习目的

(1)掌握四等水准测量的外业观测、记录方法，熟悉四等水准测量测站限差规定。

(2)掌握快速读取视距的方法。

二、仪器设备

每组自动安平水准仪 1 台、水准尺 1 对、尺垫 2 块、记录板 1 个；自备铅笔、小刀和计算器。

三、实验任务

每组每位学生完成一条闭合水准路线的观测任务，测站数不少于 4 个。

四、实验要求及流程

(1)在实验地点每组选择一个水准点开始测量，按照“后—前—前—后”的观测顺序进行观测。

(2)实验结束时提交记录、计算成果。

五、上交资料

实验结束后将四等水准测量记录(见表 2-7)及测量实验报告以小组为单位装订成册上交。

表 2-7　四等水准测量记录表

自＿＿测至＿＿＿　仪器类型与编号：＿＿＿＿＿＿　观测者：＿＿＿＿＿

天气：＿＿ 成像：＿＿＿　测量日期：＿＿年＿＿月＿＿日　记录者：＿＿＿＿＿

开始时间：＿＿时＿＿分　结束时间：＿＿时＿＿＿分　检查者：＿＿＿＿＿

测站编号	后尺 下丝 上丝 后距 视距差 d	前尺 下丝 上丝 前距 $\sum d$	方向及尺号	标尺读数 黑面	标尺读数 红面	K+黑-红	高差中数	备注与说明
	(1)	(4)	后	(3)	(8)	⑦		(1)~(8)为读数顺序，①~⑩为计算顺序
	(2)	(5)	前	(6)	(7)	⑥		
	①	②	后－前	⑤	⑧	⑨	⑩	
	③	④						
			后					
			前					
			后－前					
			后					
			前					
			后－前					
			后					
			前					
			后－前					
			后					
			前					
			后－前					
			后					
			前					
			后－前					

测量实验报告

姓名_________学号_________班级_________指导教师_________日期______

[实验名称]

[目的与要求]

[仪器和工具]

[主要步骤]

[水准测量路线草图]

[数据处理]

数据处理见表 2-8。

表 2-8 水准测量成果计算表

点号	距离（m）	测站	实测高差（m）	高差改正数（mm）	改正后高差（m）	高程（m）	辅助计算
							$f_h =$
							$f_{h容} =$
Σ							

[体会及建议]

[教师评语]

实验五　水准仪的检验与校正

一、实习目的

(1)了解水准仪的构造、原理。

(2)掌握水准仪的主要轴线及它们之间应满足的条件。

(3)掌握水准仪的检验和校正方法。

二、仪器设备

每组自动安平水准仪1台、水准尺1对、皮尺1把、记录板1个，尺垫2块，自备铅笔、小刀和计算器。

三、实习任务

每组完成水准仪的圆水准器、十字丝横丝、水准管平行于视准轴(i角)三项基本检验。

四、实习要点及流程

(1)要点:进行i角检验时,要仔细测量,可以变动仪器高重复观测,保证精度,才能把仪器误差与观测误差区分开来。校正后需要进行检验,不满足要求时需要重复进行。

(2)流程:①圆水准器检校;②十字丝横丝检校;③水准管平行于视准轴(i角)检校。

五、实习记录

(1)圆水准器的检验:先将圆水准器平行于其中两个脚螺旋,整平圆水准器待气泡居中后,将望远镜旋转180°,观察气泡是否仍然居中。

(2)十字丝横丝检验:在墙上找一点,使其恰好位于水准仪望远镜十字丝左端的横丝上,旋转水平微动螺旋,用望远镜右端对准该点,观察该点是否仍位于十字丝右端的横丝上。

(3)水准管平行于视准轴(i角)的检验:

方法一:中间法检校(见表2-9)。

表2-9　中间法检校

<table>
<tr><th rowspan="2">仪器位置</th><th rowspan="2">立尺点</th><th colspan="2">水准尺读数</th><th rowspan="2">K+黑−红</th><th rowspan="2">高差</th><th rowspan="2">计算</th></tr>
<tr><th>黑面</th><th>红面</th></tr>
<tr><td rowspan="3">在立尺点中间位置</td><td>A</td><td></td><td></td><td></td><td rowspan="3"></td><td rowspan="3">S_{AB} =
i =</td></tr>
<tr><td>B</td><td></td><td></td><td></td></tr>
<tr><td></td><td></td><td></td><td></td></tr>
<tr><td rowspan="3">在立尺点较近位置</td><td>A</td><td></td><td></td><td></td><td rowspan="3"></td><td rowspan="3">正确读数 =</td></tr>
<tr><td>B</td><td></td><td></td><td></td></tr>
<tr><td></td><td></td><td></td><td></td></tr>
</table>

观测者:　　　　　　　　　　　　记录者:

方法二:对称法检校(见表2-10)。

表2-10　对称法检校

仪器位置	立尺点	水准尺读数		K+黑-红	高差	计算
		黑面	红面			
A	B					S_{AB} = i =
	C					
D	B					B尺正确读数 =
	C					

观测者:　　　　　　　　　　　　记录者:

习　题

1. 简述水准测量的原理,并绘图说明,若将水准仪立于A、B两点之间,在A点的尺上读数a=1 586,在B点的尺上的读数b=0435,试计算高差h_{AB},并说明A、B两点哪点高。

2. 何谓视差?发生视差的原因是什么?如何消除视差?

3. 水准仪的等级大致是如何划分的?DS_3、DZS_3各字母表示的含义是什么?数字“3”表示的含义又是什么?

4. 已知A点高程为101.325 m,当后视读数为1.154 m、前视读数为1.328 m时,问视线高程是多少?B点高程是多少?

5. 设由A点到B点共测了两站:第一站,后视读数为2.506 m,前视读数为0.425 m;第二站,后视读数为0.567 m,前视读数为1.345 m。试计算A、B两点高差,并绘图表示。

6. 水准路线布设有哪几种形式?各有什么特点?

7. 简述水准仪i角误差的定义及其产生的原因。当前、后视距相等时,为什么能消除i角误差对高差的影响?

8. 设A、B两点相距100 m,水准仪安置在AB中点时测得H_{AB}=-0.111 m,将水准仪搬到A点附近,测得A尺上读数a=1 966,B尺上读数b=1 845,问这部水准仪的水准管是否平行于视准轴?若不平行,当水准管气泡居中时,视准轴是向上倾斜还是向下倾斜?为什么?

9. 水准测量产生误差的因素有哪些?哪些误差可通过适当的观测方法或经过计算改正加以减弱以至消除?哪些误差不能消除?

10. 三、四等水准测量的观测步骤各是什么?

11. 三、四等水准测量中的各项限差各是多少?

第三章 角度测量

第一节 角度测量原理

一、水平角测量原理

水平角是指地面上一点到两个目标点的连线在水平面上投影的夹角，或者说水平角是过两条方向线的铅垂面所夹的两面角。

如图 3-1 所示，β 角就是从地面点 B 到目标点 A、C 所形成的水平角，B 点也称为测站点。水平角的取值范围是 0°～360°的闭区间。

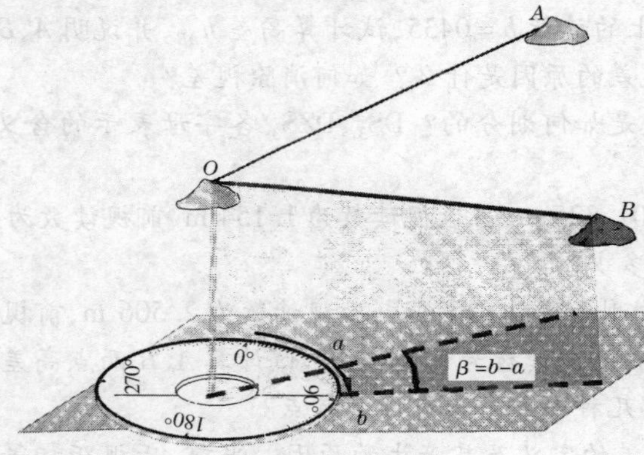

图 3-1 水平角测角原理

那么如何测得水平角 β? 我们可以想象，在 B 点的上方水平安置一个有分划（或者说有刻度）的圆盘，圆盘的中心刚好在过 B 点的铅垂线上。然后在圆盘的上方安装一个望远镜，望远镜能够在水平面内和铅垂面内旋转，这样就可以瞄准不同方向和不同高度的目标。另外，为了测出水平角的大小，还要有一个用于读数的指标，当望远镜转动的时候指标也一起转动。当望远镜瞄准 A 点时，指标就指向水平圆盘上的分划 a；当望远镜瞄准 C 点时，指标就指向水平圆盘上的分划 c。假如圆盘的分划是顺时针的，则水平角 $\beta = c - a$。

二、竖直角测量原理

竖直角：在同一竖直平面内，目标方向线与水平方向线之间的夹角称为竖直角（见图 3-2）。当目标方向线高于水平方向线时，称仰角，取正号；反之称俯角，取负号。竖直角取值范围为 －90°～90°。

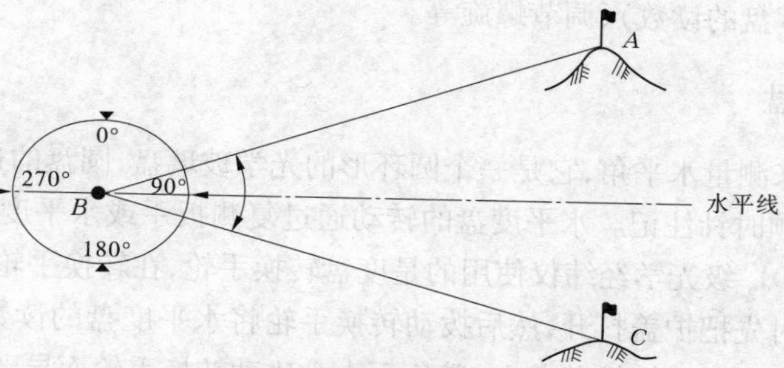

图 3-2　竖直角测量原理

那么如何测得竖直角呢？我们可以想象在过测站与目标的方向线的竖直面内竖直安置一个有分划的圆盘，同样为了瞄准目标也需要一个望远镜，望远镜与竖直的圆盘固连在一起，当望远镜在竖直面内转动时，也会带动圆盘一起转动。为了能够读数，还需要一个指标，指标并不随望远镜转动。当望远镜视线水平时，指标会指向竖直圆盘上某一个固定的分划90°。当望远镜瞄准目标时，竖直圆盘随望远镜一起转动，指标指向圆盘上的另一个分划。这两个分划之间的差值就是我们要测量的竖直角。

根据水平角和竖直角测量原理，要制造一台既能观测水平角又能观测竖直角的仪器，它必须满足以下几个必要条件：

(1)仪器的中心必须位于过测站点的铅垂线上。

(2)照准部设备(望远镜)要能上下、左右转动，上下转动时所形成的是竖直面。

(3)要具有能安置成水平位置和竖直位置并有刻划的圆盘。

(4)要有能指示度盘上读数的指标。

经纬仪就是能同时满足这几个必要条件的用于角度测量的仪器。

第二节　经纬仪的构造和使用

经纬仪分光学经纬仪和电子经纬仪两大类。

光学经纬仪在我国的系列为 DJ_{07}、DJ_1、DJ_2、DJ_6。D、J 分别取大地测量仪器、经纬仪的汉语拼音的第一个字母；脚标数字为一个方向、一测回的方向中误差。

经纬仪按其精度划分的型号为 T_4、T_3、T_2、T_1、T_{16}。以秒为单位的一测回方向观测中误差分别为 ±0.5″、±1″、±2″、±6″、±16″。

光学经纬仪又可以分为方向经纬仪和复测经纬仪。大部分的经纬仪都是方向经纬仪，主要用于地表的测量。还有一部分光学经纬仪是复测经纬仪，主要用于地下工程测量。

DJ_6 级光学经纬仪主要由照准部、水平度盘和基座构成。其主要构造如下。

一、照准部

照准部包括：望远镜(用于瞄准目标，与水准仪类似，也由物镜、目镜、调焦透镜、十字丝分划板组成)、横轴(望远镜的旋转轴)、U 形支架(用于支撑望远镜)、竖轴(照准部旋转轴的几何中心)、竖直度盘(用于测量竖直角，0°～360°顺时针或逆时针刻划)、竖盘指标水准管(用于指示竖盘指标是否处于正确位置)、管水准器(用于整平仪器)、读数显微镜(用来读取水平度盘和竖直度盘的读数)、调节螺旋等。

二、水平度盘

水平度盘用来测量水平角,它是一个圆环形的光学玻璃盘,圆盘的边缘上刻有分划。分划从0°~360°按顺时针注记。水平度盘的转动通过复测扳手或水平度盘转换手轮来控制。我们实验中用的 DJ_6 级光学经纬仪使用的是度盘转换手轮,在转换手轮的外面有一个护盖。要使用转换手轮时先把护盖打开,然后拨动转换手轮将水平度盘的读数配置成我们想要的数值。不用时一定要注意把护盖盖上,避免不小心碰动转换手轮而导致读数错误。

三、基座

基座上有三个脚螺旋、圆水准器、支座、连接螺旋等。圆水准器用来粗平仪器。另外,经纬仪上还装有光学对中器,用于对中,使仪器的竖轴与过地面点的铅垂线重合。

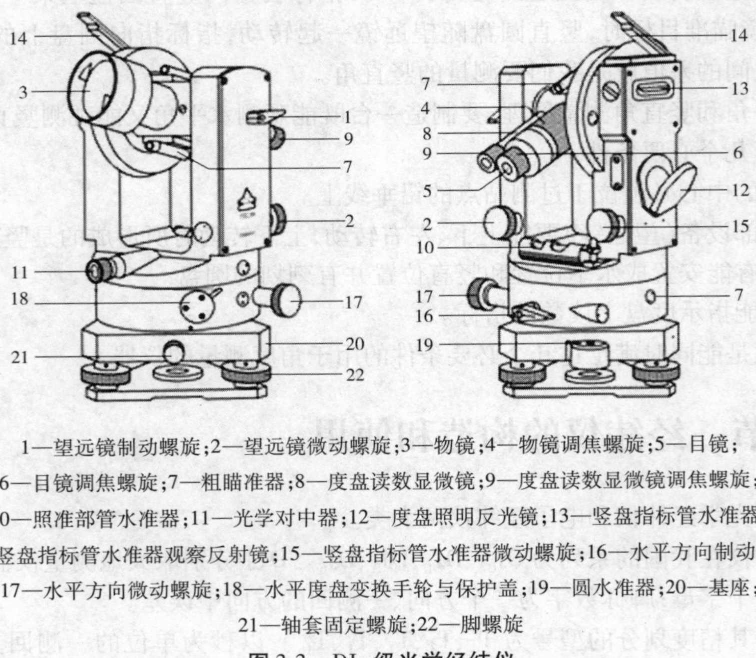

1—望远镜制动螺旋;2—望远镜微动螺旋;3—物镜;4—物镜调焦螺旋;5—目镜;
6—目镜调焦螺旋;7—粗瞄准器;8—度盘读数显微镜;9—度盘读数显微镜调焦螺旋;
10—照准部管水准器;11—光学对中器;12—度盘照明反光镜;13—竖盘指标管水准器;
14—竖盘指标管水准器观察反射镜;15—竖盘指标管水准器微动螺旋;16—水平方向制动螺旋;
17—水平方向微动螺旋;18—水平度盘变换手轮与保护盖;19—圆水准器;20—基座;
21—轴套固定螺旋;22—脚螺旋

图 3-3　DJ_6 级光学经纬仪

四、DJ_6 级光学经纬仪的读数装置

DJ_6 级光学经纬仪的读数装置分为分微尺读数和平板玻璃测微尺读数。目前,大多数的 DJ_6 级光学经纬仪都采用分微尺读数。

(一)分微尺读数装置

采用分微尺读数装置的经纬仪,其水平度盘和竖直度盘均刻划为360格,每格的角度为1°。当照明光线通过一系列的棱镜和透镜将水平度盘和竖直度盘的分划显示在读数显微镜窗口内,在这其中的某一个透镜上有两个测微尺,每个测微尺上均刻划为60格,并且度盘上的一格在宽度上刚好等于测微尺60格的宽度。这样,60格的测微尺就对应度盘上1°,每格的角度值就为1′。

在读数显微镜窗口内,“平”或HZ(或“—”)表示水平度盘读数,“立”或V(或“⊥”)表示竖盘读数。

读数的方法:

(1)读度:看度盘的哪一条分划线落在分微尺的0~6的注记之间,那么度数就由该分划线的注记读出(如图3-4所示的左边读205、右边读85)。

(2)读分:分两步,第一步看分化线左边分微尺上的标数即分的十分位(如图3-4所示的左边读0、右边读3);第二步数分化线至左边分微尺上的标数的格数即分的个位(如图3-4所示的左边读1、右边读6)。那么图3-4所示左边读01、右边读36。

(3)读秒:把分微尺上的一小格用目估的方法划分为10等份(如图3-4所示左边估读4、右边估读6),再乘以6″(如图3-4所示左边读24、右边读36)。

如图3-4所示,两度盘的读数分别为205°01′24″,85°36′36″。

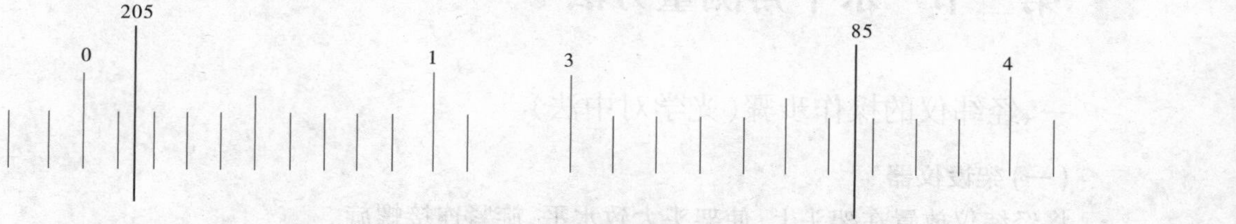

图3-4　DJ_6级经纬仪读数视场

(二)平板玻璃测微尺读数装置

如图3-5所示,这是平板玻璃测微尺的读数装置。照明光线将度盘的分划经过平板玻璃及测微尺,然后经过一系列的棱镜、透镜,最后成像在读数显微镜中。如图3-5所示中间是度盘的刻划和注记的影像,上面是测微尺的刻划和注记的影像。

当度盘刻划影像不位于双指标线中央时,这时的读数为92° + d,d的大小可以通过测微尺读出来。首先转动测微螺旋使平板玻璃旋转,致使经过平板玻璃折射后的度盘刻划影像发生位移,从而带动测微尺读数指标发生相应位移。这样,度盘分划影像位移量,就反映在测微尺上。如图3-5所示,将92°的度盘分划调节到双指标线的中央时,测微尺上的位移也是d。

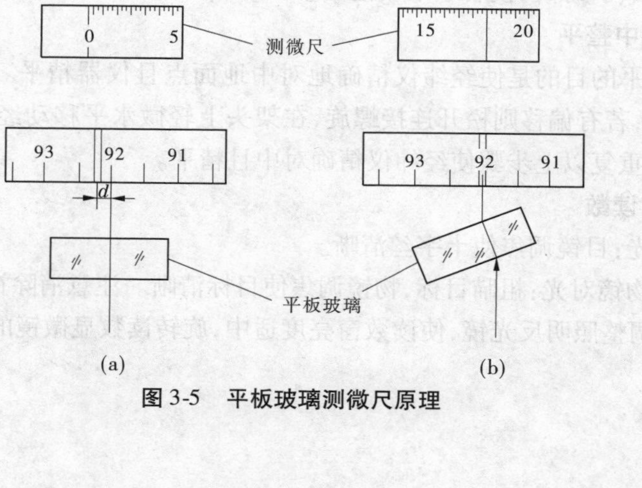

图3-5　平板玻璃测微尺原理

仪器制造的时候,玻璃度盘被刻划为720格,每格的角度值为30′,顺时针注记。当度盘刻划影像移动1格,即0.5°或30′时,对应于测微尺上移动90格,则测微尺上1格所代表的角度值为30×60″÷90=20″,然后可以估读到测微尺1格的1/10,即2″。

如图3-6所示,在读数显微镜中可以看见3个读数窗口,其中下窗口为水平度盘影像窗口、中间窗口为竖直盘度影像窗口、上窗口为测微尺影像窗口。读数时,先旋转测微螺旋,使相应度盘分划线中的某一个分划线精确地位于双指标线的中央,读出该分划线的度盘读数(如图3-6所示为92°),不足30分和秒的读数部分从测微尺上读出(如图3-6所示为17′30″),两个读数相加即度盘的读数。

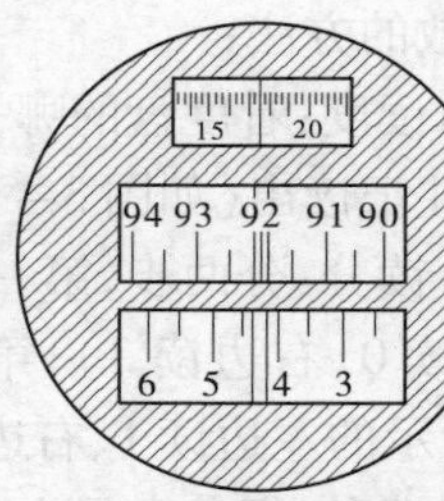

图3-6 平板玻璃测微尺读数视场

第三节 水平角测量方法

一、经纬仪的操作步骤(光学对中法)

(一)架设仪器

将经纬仪放置在架头上,使架头大致水平,旋紧连接螺旋。

(二)对中

对中的目的是使仪器中心与测站点位于同一铅垂线上,可以移动脚架、旋转脚螺旋使对中标志准确对准测站点的中心。

(三)整平

整平的目的是使仪器竖轴铅垂,水平度盘水平。根据水平角的定义,是两条方向线的夹角在水平面上的投影,所以水平度盘一定要水平。

(1)粗平:伸缩脚架腿,使圆水准气泡居中。

检查并精确对中:检查对中标志是否偏离地面点。如果偏离了,旋松三角架上的连接螺旋,平移仪器基座使对中标志准确对准测站点的中心,拧紧连接螺旋。

(2)精平:旋转脚螺旋,使管水准气泡居中。

(四)精确对中整平

精确对中整平的目的是使经纬仪精确地对中地面点且仪器精平。经步骤(三)后检查仪器的对中情况,若有偏移则松开连接螺旋,在架头上轻微水平移动经纬仪使其精确对中,然后精平仪器。重复以上步骤使经纬仪精确对中且精平。

(五)瞄准与读数

(1)目镜对光:目镜调焦使十字丝清晰。

(2)瞄准和物镜对光:粗瞄目标,物镜调焦使目标清晰。注意消除视差,精瞄目标。

(3)读数:调整照明反光镜,使读数窗亮度适中,旋转读数显微镜的目镜使刻划线清晰,然后读数。

二、水平角测量方法

(一)测回法

1. 基本步骤

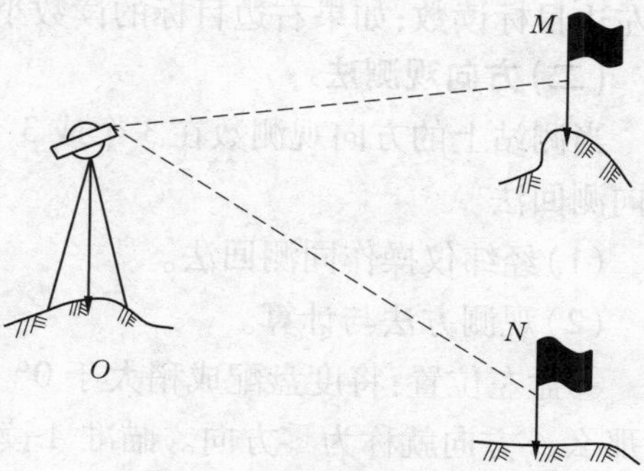

图 3-7　测回法测角

(1)在 O 点安置经纬仪,在 M、N 点上立目标杆,见图 3-7。

(2)将望远镜置于盘左的位置(所谓盘左,指瞄准目标时,竖盘位于望远镜的左边)。瞄准 M 点,通过度盘转换手轮将水平度盘置为稍大于零的位置,读数 $M_{左}$(如 0°50′30″),记录;旋转望远镜,瞄准 N 点,读水平度盘的读数 $N_{左}$,记录;称为上半测回。计算上半测回角值:$\beta_{上} = N_{左} - M_{左}$。

(3)将望远镜置为盘右的位置,瞄准 N 点,读水平度盘的读数 $N_{右}$,记录;然后旋转望远镜,再瞄准 M 点,读水平度盘的读数 $M_{右}$,记录;称为下半测回。

计算下半测回角值:$\beta_{下} = M_{右} - N_{右}$。

(4)精度评定:若上、下半测回所得水平角的差值≤|40″|(J_6 级经纬仪),计算一测回角值 $\beta = (\beta_{上} + \beta_{下})/2$。

测回法观测记录表见表 3-1。

表 3-1　测回法观测记录表

测站	竖盘	目标	水平度盘读数 (° ′ ″)	半测回角值 (° ′ ″)	一测回角值 (° ′ ″)	各测回角值 (° ′ ″)	备注
第一测回 O	左↓	M	0 00 36	68 42 12	68 42 09	68 42 15	
		N	68 42 48				
	右↑	M	180 00 24	68 42 06			
		N	248 42 30				
第二测回 O	左↓	M	90 10 12	68 42 18	68 42 21		
		N	158 52 30				
	右↑	M	270 10 18	68 42 24			
		N	338 52 42				

2. 注意事项

(1)多测回观测时,测回间按 $180°/n$ 变换水平度盘起始位置(n 为测回数)。这是为了减少度盘分划不均匀的误差。

(2)瞄准目标时,尽量瞄准目标底部。

(3)在表格当中,分和秒的记录应为两位数。如:0°06′24″,不要记成 0°6′24″。度、分、秒之间应该适当隔开。

(4)注意水平角的取值范围(0°~360°),计算的方法是,右边目标(面向待测角)读数减去左边目标读数;如果右边目标的读数小于左边目标的读数,则加上 360°再减左边读数。

(二)方向观测法

当测站上的方向观测数在 3 个或 3 个以上,也就是要瞄准 3 个或 3 个以上目标时采用方向测回法。

(1)经纬仪操作同测回法。

(2)观测方法与计算。

①盘左位置:将度盘配成稍大于 0°。选择某一目标作为瞄准的起始方向,如选择目标 A,那么 A 方向就称为零方向。瞄准 A 读数,然后顺时针方向依次瞄准目标 B、D、E 并读数,最后要再次瞄准 A,读数,称为归零。两次瞄准 A 的读数之差,称为半测回归零差。要求半测回归零差≤18″(J_2 级经纬仪为 12″),完成上半测回的观测。

②盘右位置:瞄准起始方向目标 A 读数,然后逆时针方向依次瞄准目标 E、D、B 并读数。同样要再次瞄准 A。半测回归零差≤18″,完成下半测回的观测。

以上称为一个测回的观测。如果观测多个测回,测回间仍按 180°/n 变换起始方向的度盘读数。

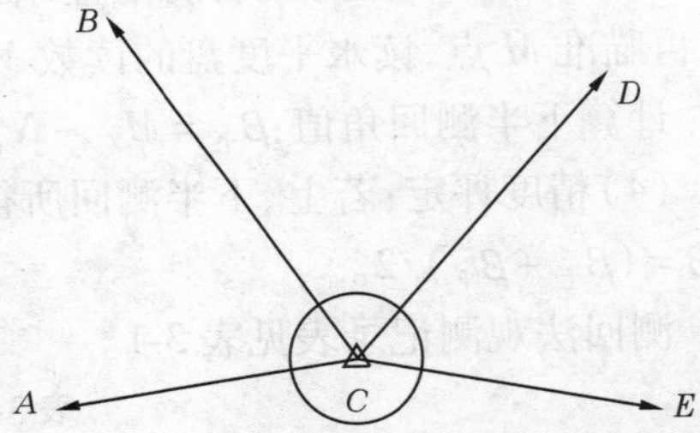

图 3-8　方向观测法

③计算 $2C$ 值。由于视准轴与横轴不垂直,观测时在水平方向观测同一点会产生一个 C 值,且盘左盘右的 C 值相等、符号相反。$2C$ 值也是观测成果中一个有限差规定的项目,但它不是以 $2C$ 的绝对值的大小作为是否超限的标准,而是以各个方向的 $2C$ 值的变化值(即最大值与最小值的差值)作为是否超限的检查标准。

$$2C = L_{左} - (L_{右} \pm 180°)$$

注:J_6 级经纬仪没有具体要求,对于 J_2 级经纬仪要求在同一个测回之内任意方向的 $2C$ 互差在 18″之内。

④计算各方向盘左盘右读数的平均值。

$$平均读数 = [L_{左} + (L_{右} \pm 180°)]/2$$

其中,$L_{左}$ 为各方向盘左读数,$L_{右}$ 为各方向盘右读数。

由于 A 方向瞄准了两次,因此 A 方向有两个平均读数。因此,应将 A 方向的平均读数再取均值,作为起始方向的方向值写在第一行,并用括号括起来。

⑤计算归零方向值。

首先将起始方向值(括号内的)进行归零,即将起始方向值化为 0°00′00″,然后将其他方向也减去括号内的起始方向值。

如果观测了多个测回,则同一方向各测回归零方向值互差应≤24″(J_2 级经纬仪≤12″)。如果满足限差的要求,取同一方向归零方向值的平均值作为该方向的最后结果。

⑥计算水平角。相邻两方向归零方向值的平均值之差为该两方向间的水平角。

方向观测法记录表见表 3-2。

表 3-2 方向观测法记录表

测站	站点	水平度盘读数 盘左 (° ′ ″)	水平度盘读数 盘右 (° ′ ″)	2C (″)	平均读数 (° ′ ″)	一测回归零方向值 (° ′ ″)	各测回平均方向值 (° ′ ″)	角值 (° ′ ″)
1	2	3	4	5	6	7	8	9
					(0 00 34)			
	C	0 00 54	180 00 24	+30	0 00 39	0 00 00	0 00 00	
	D	79 27 48	259 27 30	+18	79 27 39	79 27 05	79 26 59	79 26 59
O	A	142 31 18	322 31 00	+18	142 31 09	142 30 35	142 30 29	63 03 30
	B	288 46 30	108 46 06	+24	288 46 18	288 45 44	288 45 47	146 15 18
	C	0 00 42	180 00 18	+24	0 00 30			71 14 13
	Δ	−12	−6					
					(90 00 52)			
	C	90 01 06	270 00 48	+18	90 00 57	0 00 00		
	D	169 27 54	349 27 36	+18	169 27 45	79 26 53		
O	A	232 31 30	42 31 00	+30	232 31 15	142 30 23		
	B	18 46 48	198 46 36	+12	18 46 42	288 45 50		
	C	90 01 00	270 00 36	+24	90 00 48			
	Δ	−6	−12					

(三)水平角观测的注意事项

(1)仪器高度要和观测者的身高相适应;三脚架要踩实,仪器与脚架连接要牢固,操作仪器时不要用手扶三脚架;转动照准部和望远镜之前,应先松开制动螺旋,使用各种螺旋时用力要轻。

(2)精确对中,特别是对短边测角,对中要求应更严格。

(3)当观测目标间高低相差较大时,更应注意仪器整平。

(4)照准标志要竖直,尽可能用十字丝交点瞄准标杆或测钎底部。

(5)记录要清楚,应当场计算,发现错误,立即重测。

(6)一测回水平角观测过程中,不得重新整平;如气泡偏离中央超过 2 格,应重新整平与对中仪器,重新观测。

第四节 竖直角测量方法

一、竖直角测量原理

(1)竖直角定义。同一竖直面内,一点至目标点的方向线与水平线间的夹角,称为该方向线的竖直角。角值范围为 -90°~90°。视线在水平线之上称仰角,取"+"号;视线在水平线之下称俯角,取"-"号。

(2)计算公式:竖直角 = 照准目标时的读数 - 视线水平时的读数(常数)。

(3)用途。用于三角高程测量。

(4)竖盘构造。经纬仪的竖盘包括竖直度盘、竖盘指标水准管、竖盘指标水准管微动螺旋。

竖直度盘注记从 0°~360°进行分划,分为顺时针注记(左)和逆时针注记(右)(见图 3-9)。

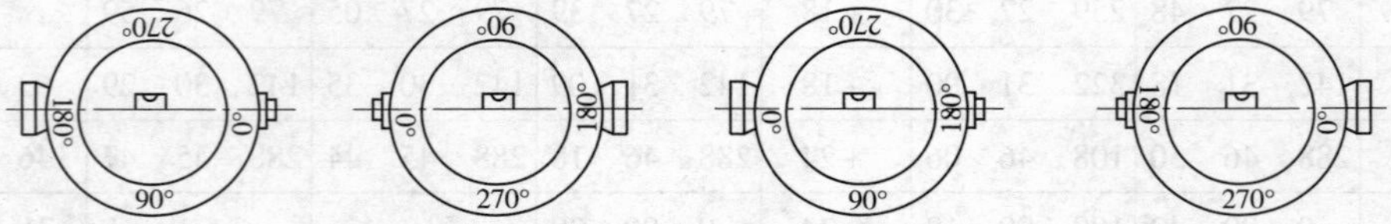

图 3-9　竖盘注记

竖直度盘固定在望远镜横轴一端并与望远镜连接在一起,竖盘随望远镜一起绕横轴旋转,竖盘面垂直于横轴(望远镜旋转轴)。

竖盘读数指标与竖盘指标水准管连接在一起,旋转竖盘指标水准管微动螺旋将带动竖盘指标水准管和竖盘读数指标一起做微小的转动。

竖盘读数指标的正确位置是:当望远镜处于盘左位置且水平、竖盘指标水准管气泡居中时,竖盘指标指向 90°,读数窗中的竖盘读数应为 90°(有些仪器设计为 0°、180°或 270°,现约定为 90°)。当望远镜处于盘右位置并且水平、竖盘指标水准管气泡居中时,读数窗中的竖盘读数应为 270°(无论竖盘是顺时针还是逆时针注记)。

二、竖直角的计算公式

如图 3-10 所示,竖盘是采用顺时针注记的。现在假设望远镜水平,置于盘左的位置,竖盘指标水准管气泡居中,此时竖盘指标应指向 90°。然后转动望远镜瞄准目标,竖盘也会一起转动,竖盘指标就会指向一个新的分划 L。根据竖直角的定义,竖直角 α 是目标方向与水平方向的夹角。度盘上分划 L 与 90°分划之间的夹角与之相等,即为要测的竖直角 α。

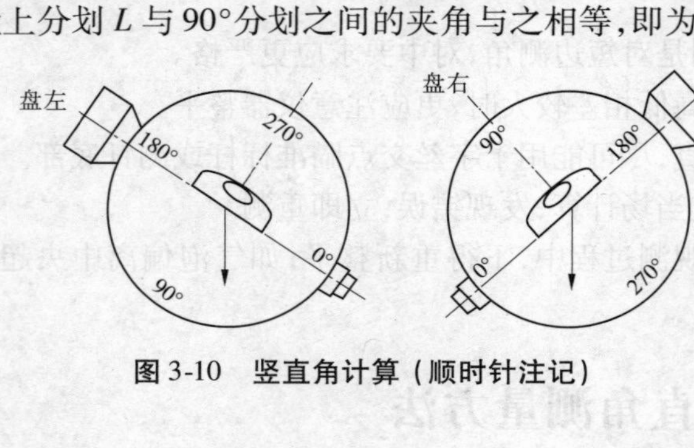

图 3-10　竖直角计算(顺时针注记)

盘左时竖直角:

$$\alpha_{左} = 90° - L \quad (L \text{为盘左读数}) \tag{3-1}$$

同样可导出盘右时的竖直角:

$$\alpha_{右} = R - 270° \quad (R \text{为盘右读数}) \tag{3-2}$$

如果用盘左和盘右瞄准同一目标测量竖直角，就构成了一个测回，这个测回的竖直角就是盘左、盘右的平均值。

$$\alpha = (\alpha_{左} + \alpha_{右})/2 = (R - L - 180°)/2 \tag{3-3}$$

如果竖盘采用逆时针注记，见图 3-11。那么竖直角计算公式为

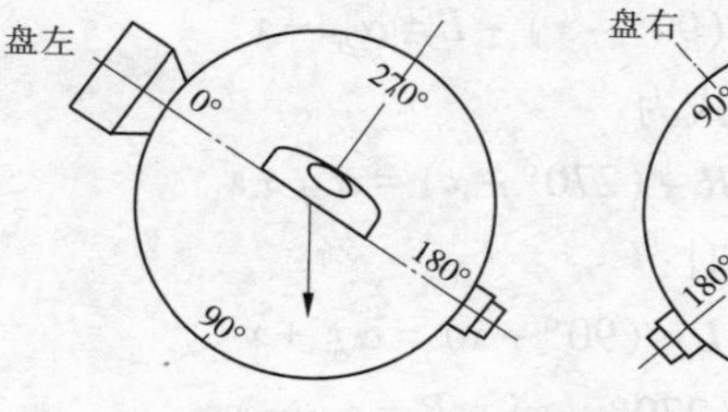

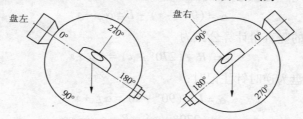

图 3-11　竖直角计算（逆时针注记）

$$\alpha_{左} = L - 90° \quad (L\text{ 为盘左读数}) \tag{3-4}$$

$$\alpha_{右} = 270° - R \quad (R\text{ 为盘右读数}) \tag{3-5}$$

$$\alpha = (\alpha_{左} + \alpha_{右})/2 = (R - L - 180°)/2 \tag{3-6}$$

竖直角计算公式的判断方法如下：

（1）首先将望远镜大致安置于水平位置，然后从读数窗中看起始读数，这个起始读数应该接近于一个常数，比如 90°、270°。

（2）然后抬高望远镜，盘左时若读数增加则为逆时针注记；若读数减小则为顺时针注记。

三、竖盘指标差

（1）定义：竖盘指标因运输、振动、长时间使用，常常处于不正确的位置，与正确位置之间会相差一个微小的角度 x。这个角度 x 称为竖盘指标差（见图 3-12）。

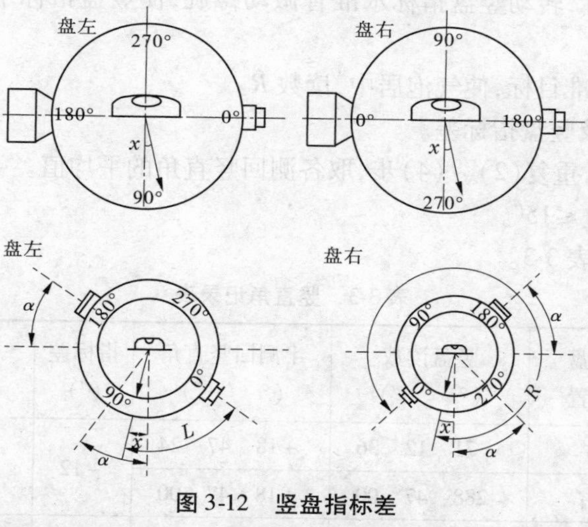

图 3-12　竖盘指标差

（2）计算：当竖盘指标的偏移方向与竖盘注记增加的方向一致时，指标差为正，反之为负。

如图 3-12 所示，盘左图像，竖盘指标与竖盘注记的增加方向一致，指标差为正。那么当

望远镜视线水平时，盘左的读数为 $90^\circ - x$，当望远镜倾斜了一个 α（α 就是竖直角），这时竖盘指标读数 L。那么 L 的分划与 $90^\circ - x$ 的分划之间的夹角就是 α，因为度盘是随望远镜一起转动的，望远镜转动了 α，度盘也就转动了 α 角。

因此，存在指标差 x 时竖直角计算公式为（顺时针注记）

盘左：
$$\alpha = (90^\circ - x) - L = \alpha_{左} - x \tag{3-7}$$

同样，盘右观测的竖直角计算公式为

盘右：
$$\alpha = R - (270^\circ - x) = \alpha_{右} + x \tag{3-8}$$

同理，当竖直度盘为逆时针注记时：

盘左：
$$\alpha = L - (90^\circ - x) = \alpha_{左} + x \tag{3-9}$$

盘右：
$$\alpha = (270^\circ - x) - R = \alpha_{右} - x \tag{3-10}$$

$\alpha_{左}$、$\alpha_{右}$ 是理想情况下，即不存在竖盘指标差时所测得的竖直角。

盘左、盘右观测的竖直角取平均为

$$\alpha = (\alpha_{左} + \alpha_{右})/2 = (R - L - 180^\circ)/2 \tag{3-11}$$

在此公式中，指标差被抵消了，由此看出采用盘左、盘右观测取平均可消除竖盘指标差的影响。

式(3-8)、式(3-7)两式相减，可得指标差 x 计算公式为

$$x = (R + L - 360^\circ)/2 = (\alpha_{右} - \alpha_{左})/2$$

当在同一个测站上观测不同的目标时，对于 DJ_6 级经纬仪，指标差的互差应不超过 15″。

四、竖直角的观测与计算

竖直角观测的操作程序如下：

(1)测站上安置仪器。

(2)盘左瞄准目标，转动竖盘指标水准管微动螺旋，使竖盘指标水准管气泡居中，读取竖盘读数 L。

(3)倒镜，盘右瞄准目标，使气泡居中，读数 R。

(4)计算竖直角及竖盘指标差。

若进行 n 次观测，重复(2)~(4)步，取各测回竖直角的平均值。

检核：指标差互差≤15″。

竖直角记录表见表 3-3。

表 3-3 竖直角记录表

测站	目标	竖盘位置	竖盘读数（° ′ ″）	半测回竖直角（° ′ ″）	指标差（″）	一测回竖直角（° ′ ″）	备注
O	P	左	71 12 36	+18 47 24	−12	+18 47 12	
		右	288 47 00	+18 47 00			
	P′	左	96 18 42	−6 18 42	−9	−6 18 51	
		右	263 41 00	−6 19 00			

注：竖盘为顺时针注记。

五、三角高程测量

经纬仪测竖直角主要是用来进行三角高程测量,三角高程测量是根据两点间的水平距离和竖直角,计算两点间的高差。它主要适用于难以采用水准测量进行高程测量的山区或地形起伏较大的地区测定地面点高程。

传统的经纬仪三角高程测量的原理如图 3-13 所示,设 A 点高程及 AB 两点间的距离已知,求 B 点高程。方法是,先在 A 点架设经纬仪,量取仪器高 i;在 B 点竖立觇标(标杆),并量取觇标高 v,用经纬仪横丝瞄准其顶端,测定竖直角 α,则 A、B 两点间的高差计算公式为

$$h_{AB} = D\tan\alpha + i - v$$

故

$$H_B = H_A + h_{AB} = H_A + D\tan\alpha + i - v$$

式中,D 为 A、B 两点间的水平距离,其测量方法在本书第四章详述。

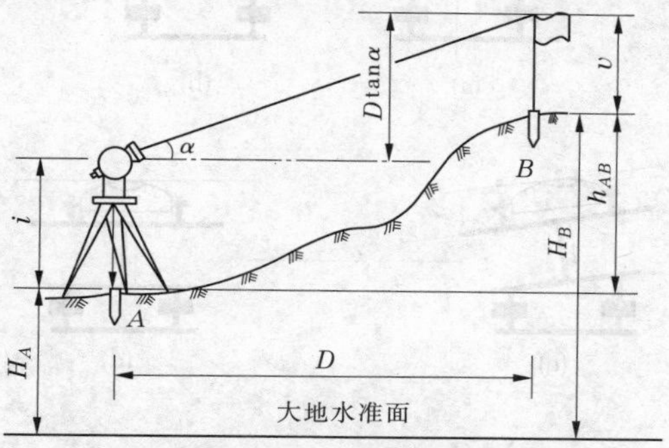

图 3-13　三角高程测量原理

第五节　经纬仪的检验与校正

一、经纬仪应满足的几何条件

角度观测要求:仪器竖轴铅垂;水平度盘水平,分划中心在竖轴上;视准轴形成的视准面为铅垂面。为保证角度观测达到规定的精度,经纬仪的部件之间,也就是主要轴线和平面之间,必须满足角度观测所提出的要求。如图 3-14 所示,经纬仪的主要轴线关系有:

(1)水准管轴垂直于竖轴($LL \perp VV$)。

(2)视准轴垂直于横轴($HH \perp CC$)。

(3)横轴垂直于竖轴($HH \perp VV$)。

(4)十字丝竖丝垂直于横轴。

(5)光学对点器的视准轴与仪器竖轴重合。

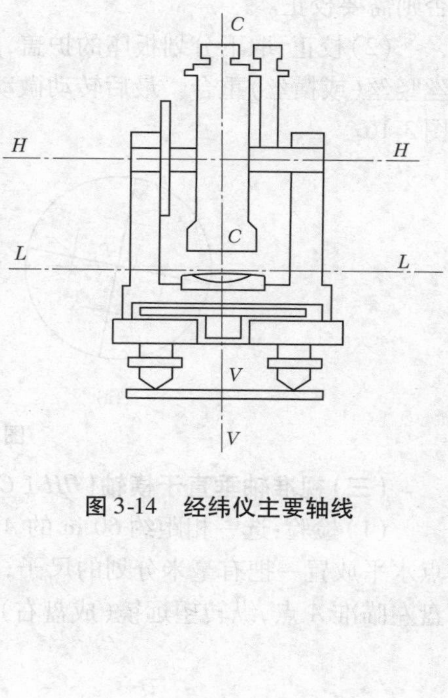

图 3-14　经纬仪主要轴线

二、经纬仪的检验与校正

(一)照准部水准管轴垂直于竖轴($LL \perp VV$)的检验与校正

(1)检验:先进行粗平,然后将照准部水准管转到任意两个脚螺旋连线方向,调脚螺旋使气泡居中。然后旋转照准部180°,若气泡不居中,则需校正,见图3-15。

(2)校正:用拨针拨动水准管校正螺丝使气泡向水准管居中位置移动一半,然后调脚螺旋使气泡完全居中。

此项检校应反复进行,直至照准部转至任意方向,气泡偏离均小于1格。

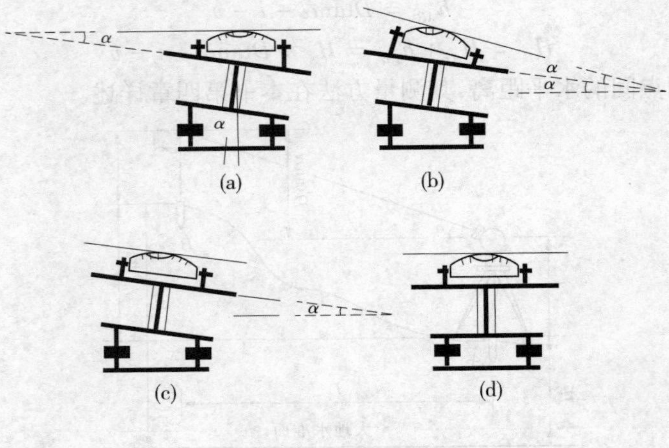

图3-15　水准管轴检校原理

(二)十字丝竖丝垂直于横轴的检验与校正

(1)检验:先找到一个明显点状目标,用十字丝纵丝(或横丝)的一端瞄准这个目标,转动望远镜微动螺旋(或水平微动螺旋),如果目标始终在纵丝(或横丝)上移动,则不需校正,否则需要校正。

(2)校正:取下分划板座的护盖,旋松四个压环螺丝,然后转动分划板座使目标与十字丝竖丝(或横丝)重合。最后转动微动螺旋,检查目标是否始终在竖丝(或横丝)上移动,见图3-16。

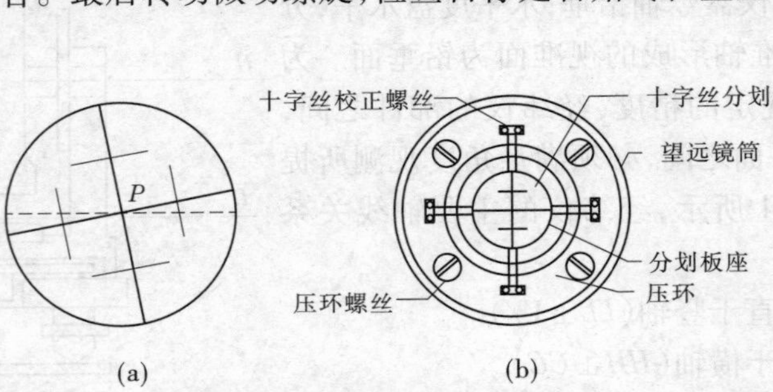

图3-16　十字丝检校原理

(三)视准轴垂直于横轴($HH \perp CC$)的检验与校正

(1)检验:选一相距约60 m的A、B两点,经纬仪安置在A、B中点O上,A点立标志,B点水平放置一把有毫米分划的尺子,要求A点标志、B点尺子与O点的经纬仪同高。然后盘左瞄准A点,纵转望远镜(成盘右)在B点尺上读数B_1。转动照准部盘右瞄准A点,纵转望远镜（成盘左）在 B 点尺上读数 B_2。如果 B_1 不等于 B_2，则计算视准误差 $C=\frac{B_1B_2}{4S_{OB}}\rho$，如果 C 大于 60″，则需要校正（见图 3-17）。

（2）校正：（由于 B_1B_2 是 $4C$ 在尺上的反映值）计算出 B_3 的值（$B_3B_2=B_1B_2/4$），然后用拨针拨动十字丝分划板上的左右校正螺丝，使十字丝竖丝对准尺上的读数 B_3（此项检验、校正需反复进行）。

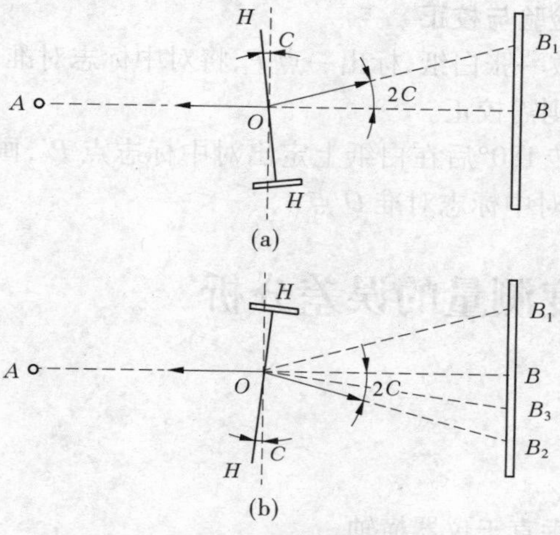

图 3-17　视准轴检校原理

（四）横轴垂直于竖轴（$HH\perp VV$）的检验与校正

（1）检验：在距仪器 20～30 m 的墙上选择一个高目标 P（见图 3-18），量出经纬仪到墙的水平距离 D。用盘左瞄准 P 点，然后将望远镜放平（竖盘读数为 90°）在墙上定出一点 P_1。再用盘右瞄准 P 点，然后将望远镜放平（竖盘读数为 270°）在墙上定出一点 P_2。如果 P_1 与 P_2 重合，则横轴垂直于竖轴；否则，横轴不垂直于竖轴。计算出横轴倾斜角 $i=\frac{P_1P_2}{2D}\rho\cot\alpha$，如果 i 大于 60″，需校正。

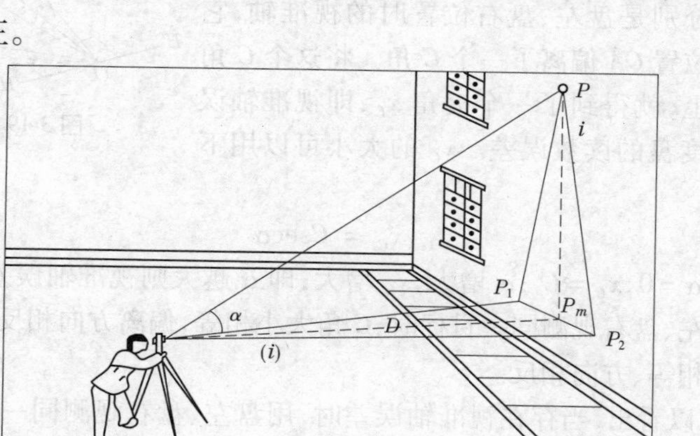

图 3-18　横轴检校

（2）校正：取 P_1P_2 两点的中点 P_m，转动水平微动螺旋使十字丝交点对准 P_m，然后上仰望远镜去观察 P 点，此时十字丝交点与 P 点必然不重合。转动横轴偏心环，改变横轴右支架的高度，使十字丝交点对准 P 点。

(五)竖盘指标差的检验与校正

(1)检验:用盘左、盘右瞄准同一目标,读竖直度盘读数 R、L,计算出竖盘指标差。对于 J_6 级仪器,如果指标差超过 1′,则需校正。

(2)校正:计算盘右位置不含指标差时的正确读数($R' = R - x$),然后转动竖盘指标水准器微动螺旋使竖盘读数为 R'(因为指标在动,因此读数变化),此时竖盘指标水准管气泡必不居中。用校正针拨动竖盘指标水准器一端的校正螺丝,将气泡居中。

(六)光学对中器的检验与校正

(1)检验:在地面上放一张白纸,标出一点 P,将对中标志对准 P,然后旋转照准部 180°,若对中标志不再对准 P,则需校正。

(2)校正:照准部旋转 180°后在白纸上定出对中标志点 P',画出 PP' 的中点 O,拨动光学对中器的校正螺丝,使对中标志对准 O 点。

第六节　角度测量的误差分析

一、仪器误差

(一)视准轴误差

(1)原因:视准轴不垂直于仪器横轴。

当存在视准轴误差时,用盘左、盘右观测同一个目标时,水平度盘的读数就会有 2 倍视准轴误差存在,即 $2C$。

(2)影响:如图 3-19 所示,当不存在视准轴误差时,视准轴 OA 与横轴 HH 是垂直的,望远镜绕横轴旋转形成的是一个竖直面。当存在视准轴误差时,那么视准轴就会偏离正确位置一个 C 角,望远镜旋转的是一个圆锥面。OA_1 和 OA_2 分别是盘左、盘右位置时的视准轴,它们都相对于正确位置 OA 偏离了一个 C 角。将这个 C 角投影在水平度盘上,就得到了一个夹角 x_C,即视准轴误差所引起的水平度盘的读数误差。x_C 的大小可以用下面公式表示

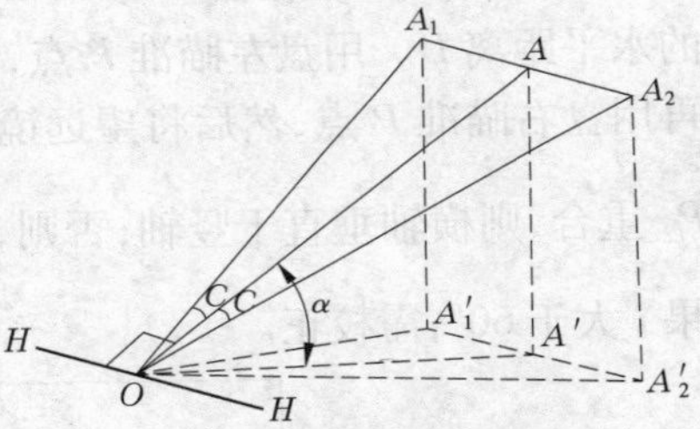

图 3-19　视准轴误差

$$x_C = C\sec\alpha$$

(3)分析:①$\alpha = 0$,$x_C = C$;α 增大,x_C 增大;即 α 越大则视准轴误差对水平度盘读数的影响越大。②盘左、盘右观测同一目标时,C 角大小相等,偏离方向相反,故它对水平度盘读数的影响是大小相等、方向相反。

从图 3-19 可以看出,当存在视准轴误差时,用盘左、盘右观测同一目标时,水平度盘的读数中都有 x_C 存在,并且大小相等、符号相反。

(4)消减措施:取盘左、盘右观测的平均值。

(二)横轴误差

(1)原因:横轴不垂直于仪器竖轴。

(2)影响:横轴 HH 与竖轴 VV 不垂直的夹角为 i,即倾斜后的横轴与原来横轴之间的夹

角为 i，如图 3-20 所示若横轴 HH 倾斜一个 i 角至 $H'H'$ 位置。假若没有横轴误差，当视线水平时瞄准目标 N_1，然后将望远镜抬起后就会瞄准 N，ON_1N 形成了竖直面。若有横轴误差，将望远镜抬起后就会瞄准 A，ON_1A 是一个倾斜面。将 A 点投影在平面上为 A_1，那么 OA_1 与 ON_1 的夹角 x_i 就是横轴误差对水平度盘读数的影响。

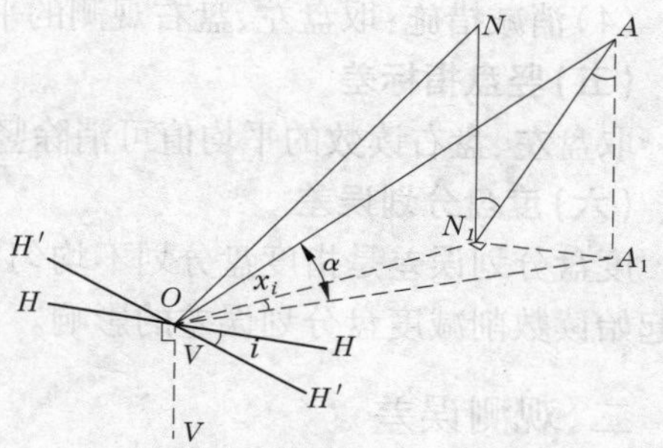

图 3-20　横轴误差影响

$$x_i = i\tan\alpha$$

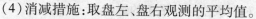

（3）分析：①$\alpha = 0$，$x_i = 0$；α 增大，x_i 增大；即 α 越大，则横轴误差对水平度盘读数的影响越大。②盘左、盘右观测同一目标时，横轴倾斜的 i 角正好大小相等，倾斜方向相反，故它对水平度盘读数的影响是大小相等、方向相反。

（4）消减措施：取盘左、盘右观测的平均值。

（三）竖轴误差

（1）原因：仪器竖轴不铅垂。

照准部的水准管轴不垂直于竖轴，当水准管气泡居中，照准部水准管轴水平，而竖轴却不竖直。

（2）影响：由于竖轴倾斜的方向与盘左、盘右无关，所以竖轴误差会使盘左、盘右观测同一目标时的水平角读数误差大小相等、符号相同。

（3）消减措施：不能用盘左、盘右取平均值消除，只能严格整平仪器来削弱它的影响。

（四）照准部偏心误差（或称度盘偏心差）

（1）原因：水平度盘的分划中心与照准部的旋转中心不重合。

（2）影响：如图 3-21 所示：O 为度盘分划中心，O' 为照准部旋转中心。如果有照准部偏心差，则当盘左瞄准目标时，读数指标指向 $a_{左}$ 的位置。如果没有偏心差，即照准部的旋转中心与水平度盘的圆心重合，则正确的读数应该是过水平度盘圆心的直线所指向的分划 $a'_{左}$，所以 $\alpha'_{左}$ 为 $\alpha'_{左} = \alpha_{左} - x$；同样可以得出盘右时的正确读数为 $\alpha'_{右} = \alpha_{右} + x$。

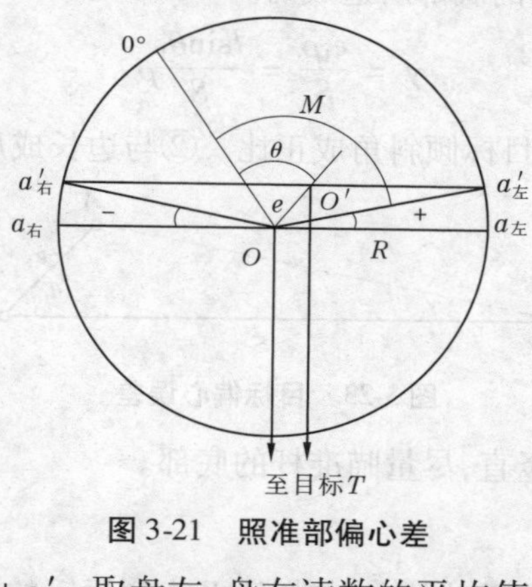

图 3-21　照准部偏心差

（3）分析：$\alpha_{左} + \alpha_{右} = \alpha'_{左} + \alpha'_{右}$，取盘左、盘右读数的平均值可以消除 x，即消除照准部偏心差的影响。对于 DJ_2 级经纬仪，由于采用对径分划符合读数装置，读数时实际上就是取度盘对径两端分划的平均值进行读数，因此读数中已经消除了照准部偏心误差。

(4)消减措施:取盘左、盘右观测的平均值。

(五)竖盘指标差

取盘左、盘右读数的平均值可消除竖盘指标差的影响。

(六)度盘分划误差

度盘分划误差是指度盘分划不均匀所产生的误差。可以采用测回间按 180°/n 配置度盘起始读数削减度盘分划误差的影响。

二、观测误差

(一)测站偏心误差(对中误差)

(1)原因:对中不准确,使仪器中心与测站点不在同一铅垂线上。

(2)影响:如图 3-22 所示,设测站点为 B 点,实际对中的点即仪器中心点为 B',应测水平角 ABC;实测水平角 $AB'C$。两者之差即为对中误差对水平角的影响。

$$\Delta\beta = \varepsilon_1 + \varepsilon_2 = e\rho\left(\frac{\sin\theta}{D_1} + \frac{\sin(\beta - \theta)}{D_2}\right)$$

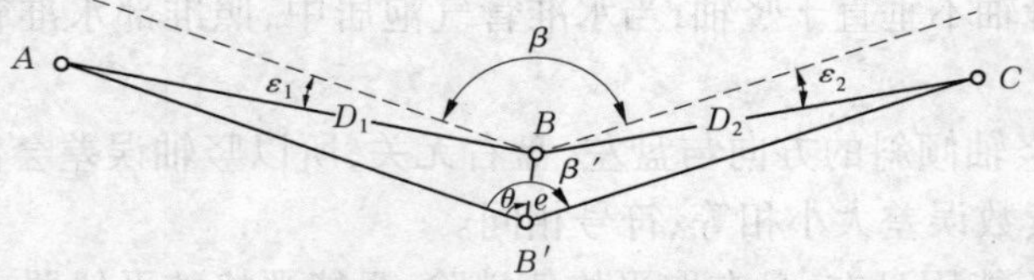

图 3-22　测站偏心误差

(3)分析:①测站偏心误差与 e、θ 成正比。②测站偏心误差与距离成反比,边长越短,对水平角的影响越大。③$\theta = 90°$,$\beta = 180°$时,$\Delta\beta$ 最大。

(4)消减措施:要严格对中,尤其在短边测量时。

(二)目标偏心误差

(1)原因:瞄准的目标位置偏离了实际地面点(见图 3-23),通常是标志杆立得不直,而瞄准的时候又没有瞄准目标杆的底部所造成的。

$$\gamma = \frac{e_1\rho}{S} = \frac{l\sin\theta_1}{S}\rho$$

(2)分析:①与瞄准高度、目标倾斜角成正比。②与边长成反比。

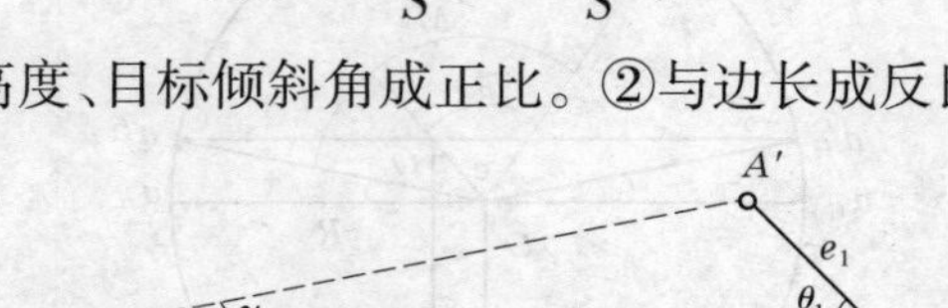

图 3-23　目标偏心误差

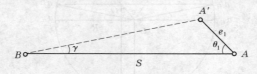

(3)消减措施:目标杆要竖直,尽量瞄准杆的底部。

(三)瞄准、读数等误差

瞄准误差 $m_v = \frac{P}{V}$($P = 60''$,为人眼的分辨率,V 为望远镜的放大率)。

读数误差:光学经纬仪按测微器读数时,一般可估读至分微尺最小格值的 1/10,若最小格值为 1′,则读数误差可认为是 ±1′/10 = ±6″。但读数时应注意消除读数显微镜的视差。

消减措施：仔细瞄准，消除视差，认真读数或改进读数方法。

三、外界条件的影响

外界条件对测角的影响有：

(1)温度变化会影响仪器的正常状态。

(2)大风会影响仪器和目标的稳定。

(3)大气折光会导致视线改变方向。

(4)大气透明度会影响照准精度。

(5)地面的坚实与否、车辆的振动等会影响仪器的稳定。

消减措施：稳定架设仪器，踩紧脚架。要选择合适的天气测量，最好是阴天、无风的天气，强光下要打伞。

第七节　实验操作

实验一　经纬仪的认识与使用

一、实习目的

(1)了解经纬仪的构造和原理。

(2)掌握经纬仪整平、对中、读数的方法。

二、仪器设备

每组 DJ_6 级光学经纬仪 1 台、角架 1 个、记录板 1 个。

三、实验任务

每组每位同学熟悉经纬仪的对中、整平、瞄准、读数方法。

四、实验要点及流程

(1)要点：

①气泡的移动方向与操作者左手旋转脚螺旋的方向一致。

②经纬仪安置操作时，注意首先大致对中，脚架头要大致水平。

(2)流程：对中、整平经纬仪，瞄准目标，读水平度盘。

五、实验记录

(1)经纬仪由____________、____________、____________组成，并在图 3-24 中标注各部件名称。

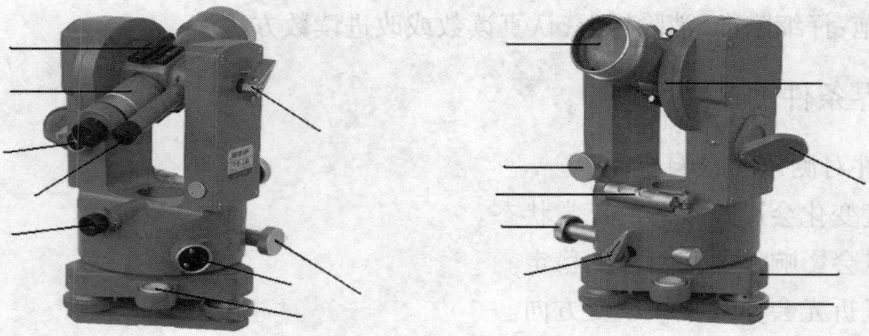

图 3-24　经纬仪

(2)经纬仪对中整平的操作步骤是:

(3)经纬仪照准目标的步骤是:

实验二　光学经纬仪的认识与使用

角度测量是测量的基本工作之一,经纬仪是测定角度的仪器。通过本实验可使同学们了解光学经纬仪及电子经纬仪的组成、构造,经纬仪上各螺旋的名称、功能,以及电子经纬仪的特点。

一、实验性质

验证性实验,实验学时数安排为 1 ~2 学时。

二、目的和要求

(1)了解 DJ_6 级光学经纬仪的基本构造,以及主要部件的名称与作用。

(2)掌握经纬仪的安置方法,学会使用光学经纬仪。

三、仪器和工具

(1)DJ_6 级光学经纬仪(或 DT_5 级电子经纬仪)1 台、记录板 1 块、测伞 1 把。

(2)自备铅笔、计算器。

四、方法步骤

(一)光学经纬仪

(1)仪器讲解。指导教师现场讲解 DJ_6 级光学经纬仪的构造,各螺旋的名称、功能及操作方法，仪器的安置及使用方法。

(2)安置仪器。各小组在给定的测站点上架设仪器(从箱中取经纬仪时，应注意仪器的装箱位置，以便用后装箱)。在测站点上撑开三脚架，高度应适中，架头应大致水平；然后把经纬仪安放到三脚架的架头上。安放仪器时，一手扶住仪器，一手旋转位于架头底部的连接螺旋，使连接螺旋穿入经纬仪基座压板螺孔，并旋紧螺旋。

(3)认识仪器。对照实物正确说出仪器的组成部分、各螺旋的名称及作用。

(4)对中。有垂球对中和光学对中器对中两种方法。

方法一：垂球对中

①在架头底部的连接螺旋的小挂钩上挂上垂球。

②平移三脚架，使垂球尖大致对准地面上的测站点，注意使架头大致水平，踩紧三脚架。

③稍松底座下的连接螺旋，在架头上平移仪器，使垂球尖精确对准测站点(对中误差应小于等于3 mm)，最后旋紧连接螺旋。

方法二：光学对中器对中

①将仪器中心大致对准地面测站点。

②通过旋转光学对中器的目镜调焦螺旋，使分划板对中圈清晰；通过推、拉光学对中器的镜管进行对光，使对中圈和地面测站点标志都清晰显示。

③移动脚架或在架头上平移仪器，使地面测站点标志位于对中圈内。

④逐一松开三脚架架腿制动螺旋并利用伸缩架腿(架脚点不得移位)使圆水准器气泡居中，大致整平仪器。

⑤用脚螺旋使照准部水准管气泡居中，整平仪器。

⑥检查对中器中地面测站点是否偏离分划板对中圈。若发生偏离，则松开底座下的连接螺旋，在架头上轻轻平移仪器，使地面测站点回到对中器分划板对中圈内(按方法二对中仪器后，可直接进入步骤⑥)。

⑦检查照准部水准管气泡是否居中。若气泡发生偏离，需再次整平，即重复前面过程，最后旋紧连接螺旋。

(5)整平。转动照准部，使水准管平行于任意一对脚螺旋，同时相对(或相反)旋转这两只脚螺旋(气泡移动的方向与左手大拇指行进方向一致)，使水准管气泡居中；然后将照准部绕竖轴转动90°，再转动第三只脚螺旋，使气泡居中。如此反复进行，直到照准部转到任何方向，气泡在水准管内的偏移都不超过刻划线的一格为止。

(6)瞄准。取下望远镜的镜盖，将望远镜对准天空(或远处明亮背景)，转动望远镜的目镜调焦螺旋，使十字丝最清晰；然后用望远镜上的照门和准星瞄准远处一线状目标(如远处的避雷针、天线等)，旋紧望远镜和照准部的制动螺旋，转动对光螺旋(物镜调焦螺旋)，使目标影像清晰；再转动望远镜和照准部的微动螺旋，使目标被十字丝的纵向单丝平分，或被纵向双丝夹在中央。

(7)读数：瞄准目标后，调节反光镜的位置，使读数显微镜读数窗亮度适当，旋转显微镜的目镜调焦螺旋，使度盘及分微尺的刻划线清晰，读取落在分微尺上的度盘刻划线所示的度数，然后读出分微尺上0刻划线到这条度盘刻划线之间的分数，最后估读至1′的0.1位。

(如图 3-25 所示,水平度盘读数为 117°01. 9′,竖盘读数为 90°36. 2′)。

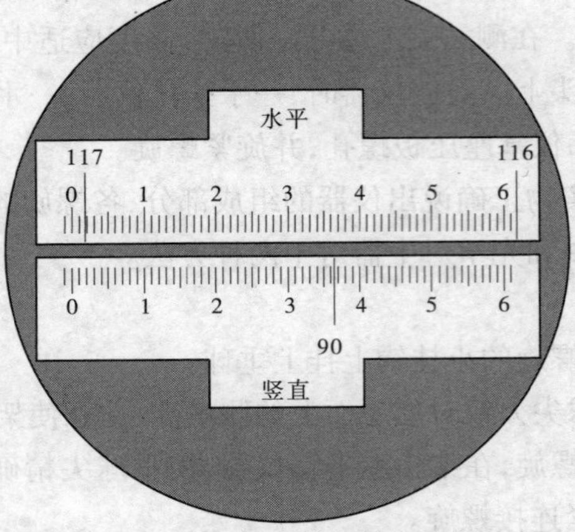

图 3-25　DJ_6 级光学经纬仪读数窗

(8)设置度盘读数。可利用光学经纬仪的水平度盘读数变换手轮,改变水平度盘读数。做法是打开基座上的水平度盘读数变换手轮的护盖,拨动水平度盘读数变换手轮,观察水平度盘读数的变化,使水平度盘读数为一定值,关上护盖。

有些仪器配置的是复测扳手,要改变水平度盘读数,首先要旋转照准部,观察水平度盘读数的变化,使水平度盘读数为一定值,按下复测扳手将照准部和水平度盘卡住;再将照准部(带着水平度盘)转到需瞄准的方向上,打开复测扳手,使其复位。

(9)记录。用 2H 或 3H 铅笔将观测的水平方向读数记录在表格中,用不同的方向值计算水平角。

五、注意事项

(1)尽量使用光学对中器进行对中,对中误差应小于 3 mm。

(2)测量水平角瞄准目标时,应尽可能瞄准其底部,以减小目标倾斜所引起的误差。

(3)观测过程中,注意避免碰光学经纬仪的复测扳手或度盘变换手轮,以免读数错误。

(4)日光下测量时应避免将物镜直接瞄准太阳。

(5)仪器安放到三脚架上或取下时,要一手先握住仪器,以防仪器摔落。

(6)电子经纬仪在装、卸电池时,必须先关掉仪器的电源开关(关机)。

(7)勿用有机溶液擦拭镜头、显示窗和键盘等。

六、上交资料

实验结束后将测量实验报告以小组为单位装订成册上交。

测量实验报告

姓名________学号________班级________指导教师________日期________

［实验名称］

［目的与要求］

［仪器和工具］

［主要步骤］

［观测数据及处理］

观测数据及处理见表3-4。

表3-4　经纬仪观测记录

仪器型号________　天气观测________　班组________　观测者________　记录者________

测站	目标	竖盘位置	水平度盘读数（°　′　″）	水平角值（°　′　″）	竖直度盘读数（°　′　″）	略图
		左				
		右				
		左				
		右				

［体会及建议］

［教师评语］

实验三　测回法观测水平角

水平角测量是角度测量工作之一，测回法是测定由两个方向所构成的单个水平角的主要方法，也是在测量工作中使用最为广泛的一种方法。通过本实验可使同学们了解测回法测量水平角的步骤和过程，掌握用光学或电子经纬仪按测回法测量水平角的方法。

一、实验性质

验证性实验，实验学时数安排为 1 ~2 学时。

二、目的和要求

(1)进一步熟悉 DJ_6 级光学经纬仪与 DT_5 级电子经纬仪的使用方法。

(2)掌握测回法观测水平角的观测、记录和计算方法。

(3)了解用 DJ_6 级光学经纬仪与 DT_5 级电子经纬仪按测回法观测水平角的各项技术指标。

三、仪器和工具

(1)DJ_6 级光学经纬仪(或 DT_5 级电子经纬仪)1 台、记录板 1 块、测伞 1 把、木桩 3 个、小钉 3 个、线垂 2 个、斧头 1 把、小竹杆 6 根。

(2)自备铅笔、计算器。

四、方法步骤

(一)光学经纬仪

(1)在指定的场地内，选择边长大致相等的 3 个点打桩，在桩顶钉上小钉作为点的标志，分别以 A、B、C 命名。

(2)在 A、C 两点插标杆。

(3)将 B 点作为测站点，安置经纬仪进行对中、整平。

(4)使望远镜位于盘左位置(观测员用望远镜瞄准目标时，竖盘在望远镜的左边，也称正镜位置)，瞄准左边第一个目标 A，即瞄准 A 点垂线，用光学经纬仪的度盘变换手轮将水平度盘读数拨到 0°或略大于 0°的位置上，读数并做好记录。

(5)按顺时针方向，转动望远镜瞄准右边第二个目标 C，读取水平度盘读数，记录，并在观测记录表格中计算盘左上半测回水平角值($C_{目标读数}-A_{目标读数}$)。

(6)将望远镜盘左位置换为盘右位置(观测员用望远镜瞄准目标时，竖盘在望远镜的右边，也称倒镜位置)，先瞄准右边第二个目标 C，读取水平度盘读数，记录。

(7)按逆时针方向，转动望远镜瞄准左边第一个目标 A，读取水平度盘读数，记录，并在观测记录表格中计算出盘右下半测回角值($C_{目标读数}-A_{目标读数}$)。

(8)比较计算的两个上、下半测回角值，若限差≤40″，则满足要求，取平均求出一测回平均水平角值。

(9)如果需要对一个水平角测量 n 个测回，则在每测回盘左位置瞄准第一个目标 A 时，都需要配置度盘。每个测回度盘读数需变化$\frac{180°}{n}$（n为测回数）（如要对一个水平角测量3个测回，则每个测回度盘读数需变化$\frac{180°}{3}=60°$，则3个测回盘左位置瞄准左边第一个目标A时，配置度盘的读数分别为0°、60°、120°或略大于这些读数）。

采用复测结构的经纬仪在配置度盘时，可先转动照准部，在读数显微镜中观测读数变化，当需配置的水平度盘读数确定后，扳下复测扳手，在瞄准起始目标后，扳上复测扳手即可。

（10）除需要配置度盘读数外，各测回观测方法与第一测回水平角的观测过程相同。比较各测回所测角值，若限差≤25″，则满足要求，取平均求出各测回平均角值。

五、注意事项

（1）观测过程中，若发现气泡偏移超过一格，应重新整平仪器并重新观测该测回。

（2）光学经纬仪在一测回观测过程中，注意避免碰动复测扳手或度盘变换手轮，以免发生读数错误。

（3）计算半测回角值时，当第一目标读数a大于第二目标读数b时，则应在第一目标读数a上加上360°。

（4）上、下半测回角值互差不应超过±40″，超限须重新观测该测回。

（5）各测回互差不应超过±25″，超限须重新观测。

（6）仪器迁站时，必须装箱搬运，严禁装在三脚架上迁站。

（7）使用中，若发现仪器功能异常，不可擅自拆卸仪器，应及时报告实验指导教师或实验室工作人员。

六、上交资料

实验结束后将测量实验报告以小组为单位装订成册上交。

测量实验报告

姓名__________学号__________班级________指导教师__________日期______

[实验名称]

[目的与要求]

[仪器和工具]

[主要步骤]

[观测数据及处理]

观测数据及处理见表3-5。

表3-5　测回法观测记录

仪器型号__________天气__________班组__________观测__________记录__________

测站	测回	目标	竖盘位置	水平度盘读数（° ′ ″）	半测回角值（° ′ ″）	一测回角值（° ′ ″）	各测回平均角值（° ′ ″）	备注

[体会及建议]

[教师评语]

实验四　方向观测法测水平角

一、实验目的

(1)掌握方向观测法观测水平角原理。

(2)掌握方向观测法测水平角的观测、记录、计算方法。

二、仪器设备

每组 DJ_6 级光学经纬仪 1 台、脚架 1 个、记录板 1 个。

三、实验任务

每组每位学生用方向观测法至少完成一测站有 4 个观测方向共两测回的观测任务。

四、实验要点

要点:半测回归零差为 18″,其他限差要求同测回法。

五、实验记录

实验记录见表 3-6。

表 3-6　水平角方向观测法记录表

日期:______年____月____日　天气:________　成像:______　仪器型号:____________

观测者:______________　　　　　　　　　　　　　　　　记录者:____________

测站	目标	水平度盘读数		2*C*	半测回归零方向值	一测回归零方向值	各测回平均方向值	备注
		盘左 (° ′ ″)	盘右 (° ′ ″)	(″)	(° ′ ″)	(° ′ ″)	(° ′ ″)	

实验五　竖直角观测与三角高程测量

竖直角是计算高差及水平距离的元素之一，在三角高程测量与视距测量中均需测量竖直角。竖直角测量时，要求竖盘指标位于正确的位置上。通过本实验可以使同学们了解用光学经纬仪及电子经纬仪进行竖直角测量的过程，掌握竖直角的测量方法，弄清竖盘指标差对竖直角的影响规律，学会对竖盘指标差进行检校。

一、实验性质

验证性实验，实验学时数安排为 1 ~ 2 学时。

二、目的和要求

（1）了解光学经纬仪竖盘构造、竖盘注记形式；弄清竖盘、竖盘指标与竖盘指标水准管之间的关系；了解电子经纬仪竖盘零位的设置。

（2）能够正确判断出所使用经纬仪竖直角计算的公式。

（3）掌握竖直角观测、记录、计算的方法。

（4）掌握三角高程的测量、记录、计算方法。

三、仪器和工具

（1）DJ_6 级光学经纬仪（或 DT_5 级电子经纬仪）1 台、小卷尺 1 把、皮尺 1 把、记录板 1 块、测伞 1 把。

（2）自备铅笔、计算器。

四、方法步骤

（一）竖直角观测

（1）领取仪器后，在各组给定的测站点上安置经纬仪，对中、整平，对照实物说出竖盘部分各部件的名称与作用。

（2）上下转动望远镜，观察竖盘读数的变化规律，确定出竖直角的推算公式，在记录表格备注栏内注明。

（3）选定远处较高的建（构）筑物，如水塔、楼房上的避雷针、天线等作为目标。

（4）用望远镜盘左位置瞄准目标，用十字丝中丝切于目标顶端。

（5）转动竖盘指标水准管微倾螺旋，使竖盘指标水准管气泡居中（有竖盘指标自动归零补偿装置的光学经纬仪无此步骤）。

（6）读取竖盘读数 L，在记录表格中做好记录，并计算盘左上半测回竖直角值 $\alpha_{左}$。

（7）再用望远镜盘右位置瞄准同一目标，同法进行观测，读取竖盘读数 R，记录并计算盘右下半测回竖直角值 $\alpha_{右}$。

（8）计算竖盘指标差 $x = \frac{1}{2}(\alpha_{右} - \alpha_{左}) = \frac{1}{2}(R + L - 360°)$，在满足限差（$|x| \leqslant 25''$）要求的情况下，计算上、下半测回竖直角的平均值 $\alpha = \frac{1}{2}(\alpha_{左} + \alpha_{右})$，即一测回竖直角值。

(9)同法进行第二测回的观测。检查各测回指标差互差(限差±25″)及竖直角值的互差(限差±25″)是否满足要求,如在限差要求之内,则可计算同一目标各测回竖直角的平均值。

(二)三角高程观测

(1)在测站点上安置经纬仪,对中、整平,用小皮尺量取仪器高。

(2)瞄准目标按一测回测量竖直角。

(3)竖直角测量符合要求后,用小卷尺量取目标高,用皮尺测出测站至目标的平距。

五、注意事项

(1)光学经纬仪盘左位置,若望远镜上仰竖盘读数增大,则竖直角计算公式为 $\alpha_{左}=L-90°$,$\alpha_{右}=270°-R$;反之,若望远镜上仰竖盘读数减小,则竖直角计算公式为 $\alpha_{左}=90°-L$,$\alpha_{右}=R-270°$。

(2)指标差偏离的方向与竖盘注记方向一致时,取正号;反之,取负号。计算公式为 $x=\frac{1}{2}(\alpha_{右}-\alpha_{左})=\frac{1}{2}(R+L-360°)$;一测回竖直角计算公式为 $\alpha=\frac{1}{2}(\alpha_{左}+\alpha_{右})$。

(3)观测过程中,对同一目标应用十字丝中丝切准同一部位。

(4)当光学经纬仪指标差 $|x|\geq 25''$、电子经纬仪指标差 $|x|\geq 10''$ 时,应对竖盘指标差进行校正。

同一目标各测回竖直角指标差的互差,光学经纬仪应不超过±25″、电子经纬仪应不超过±10″,超限应重新测量。

六、上交资料

实验结束后测量实验报告以小组为单位装订成册上交(见表3-7)。

表3-7　三角高程测量记录表

仪器型号＿＿＿＿　天气＿＿＿＿　班组＿＿＿＿　观测者＿＿＿＿　记录者＿＿＿＿

测站	目标	竖盘位置	竖盘读数(° ′ ″)	半测回竖直角(° ′ ″)	竖盘指标差(″)	一测回竖直角(° ′ ″)	仪器高	目标高	平距	高差
		左								
		右								
		左								
		右								
		左								
		右								

测量实验报告

姓名________学号________班级______指导教师________日期______

[实验名称]

[目的与要求]

[仪器和工具]

[主要步骤]

[观测数据及其处理]

观测数据及其处理见表3-8。

表3-8　竖直角观测记录

仪器型号________天气________班组________观测者________记录者________

测站	目标	竖盘位置	竖盘读数(°　′　″)	半测回竖直角(°　′　″)	两倍指标差(′　″)	一测回竖直角(°　′　″)	各测回竖直角的平均值(°　′　″)	盘右正确读数(°　′　″)
		左						
		右						
		左						
		右						
		左						
		右						

[体会及建议]

[教师批语]

实验六 经纬仪的检验与校正

一、实验目的

(1)了解经纬仪的构造和原理。
(2)掌握经纬仪的检验和校正方法。

二、仪器设备

每组 DJ_6 级光学经纬仪1台、三角板或直尺1个、皮尺1把、记录板1个。

三、实验任务

每组完成经纬仪的检验任务(照准部水准管轴、十字丝竖丝、视准轴、横轴、光学对中器、竖盘指标差)。

四、实验要点及流程

(1)要点:经纬仪检验时,要以高精度要求观测。竖直角观测时,注意经纬仪竖盘读数与竖直角的区别。
(2)流程:照准部水准管轴—十字丝竖丝—视准轴—横轴—光学对中器—竖盘指标差。

五、实验记录

(一)照准部水准管的检验

用脚螺旋使照准部水准管气泡居中后,将经纬仪的照准部旋转180°,照准部水准管气泡偏离______格。

(二)十字丝竖丝是否垂直于横轴

在墙上找一点,使其恰好位于经纬仪望远镜十字丝上端的竖丝上,旋转望远镜上下微动螺旋,用望远镜下端对准该点,观察该点__________(填"是"或"否")仍位于十字丝下端的竖丝上。

(三)视准轴的检验

如图3-26所示,在平坦地面上选择一直线 AB,长60~100 m,在 AB 中点 O 架设仪器,并在 B 点垂直设置一小尺。盘左瞄准 A,倒镜在 B 点小尺上读取 B_1;再用盘右瞄准 A,倒镜在 B 点小尺上读取 B_2,经计算若经纬仪 $2C>60''$,则需校正。

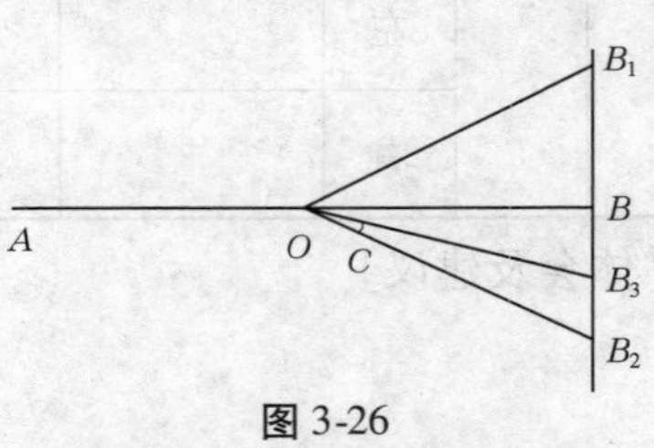

图3-26

用皮尺量得 $OB=$__________。

B_1 处读数为__________,B_2 处读数为__________,$B_1B_2=$__________。

经计算得 $C=\dfrac{B_1B_2}{4OB}\rho=$____________________。

（四）横轴的检验

如图 3-27 所示，在 20～30 m 处的墙上选一仰角大于 30°的目标点 P，先用盘左瞄准 P 点，放平望远镜，在墙上定出 P_1 点；再用盘右瞄准 P 点，放平望远镜，在墙上定出 P_2 点。经计算，当 J_6 级光学经纬仪 $i>20''$时，则需校正。

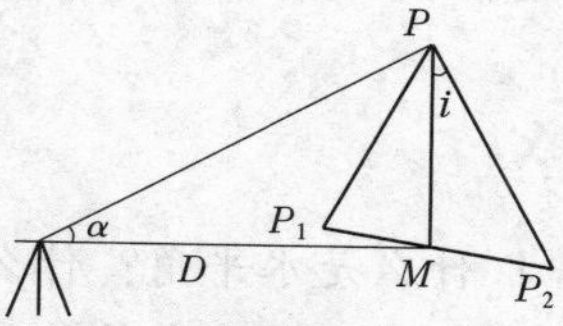

图 3-27

（1）用皮尺量得 $OM=$__________。

（2）用经纬仪测得竖直角，填于表 3-9。

表 3-9

测点	目标	竖盘位置	竖盘读数（°　′　″）	半测回竖直角（°　′　″）	指标差（″）	一测回竖直角（°　′　″）
		左				
		右				

（3）用小钢尺量得 $P_1P_2=$__________。

（4）经计算得 $i=\dfrac{P_1P_2}{2D\tan\alpha}\rho=$__________________。

（五）指标差的检验

指标差的检验见表 3-10。

表 3-10

测点	目标	竖盘位置	竖盘读数（°　′　″）	半测回竖直角（°　′　″）	指标差（″）	一测回竖直角（°　′　″）
		左				
		右				
		左				
		右				
		左				
		右				
		左				
		右				

（六）光学对中器的检验

安置经纬仪后，使光学对中器十字丝中心精确对准地面上一点，再将经纬仪的照准部旋转 180°，眼睛观察光学对中器，其十字丝__________（填“是”或“否”）精确对准地面上的点。

习 题

1. 什么是水平角？什么是竖直角？

2. 经纬仪的基本构造是由哪些部件组成的？各起什么作用？

3. 用测回法或方向观测法怎样观测水平角，测站上有哪些限差要求？

4. 水平角和竖直角观测过程中对于手工记录有何规定和要求？

5. 经纬仪水平角观测时对中、整平的目的是什么？

6. 经纬仪应满足哪些几何条件？一般应进行哪几项检校？其原理和方法是什么？

7. 什么是照准部偏心差？如何在观测中发现这种误差？怎样消除它对水平角的影响？设测回数为4，则测回之间的角度间隔是多少度？

8. 简述利用光学对中器安置经纬仪的主要步骤。

9. 简述水平角观测时的主要误差来源及其对观测成果的影响，为了削弱或者消除其影响，作业中采取的相应措施是什么？

10. 何谓竖盘指标差？DJ_6 级光学经纬仪竖直角观测时有哪些限差要求？

11. 完成表3-11中竖直角观测记录的计算工作（望远镜往上抬时读数变小）。

表3-11

测站点	目标	竖盘读数		指标差（″）	一测回竖直角（° ′ ″）	各测回竖直角均值（° ′ ″）
		盘左（° ′ ″）	盘右（° ′ ″）			
屏风山	七星岩	86 14 18	273 45 24			
	独秀峰	92 24 36	267 35 12			
N02	N01	89 22 54	270 37 30			
	N03	93 48 18	266 12 24			

第四章 距离测量、直线定向

所谓距离,是指地面上两点沿铅垂线方向在大地水准面上投影后所得到的两点间的弧长。由于大地水准面不规则,所以这个距离是难以测量的。但由于在半径10 km的范围内,地球曲率对距离的影响很小,因此可以用水平面代替水准面。那么,地面上两点在水平面上投影后的水平距离就称为距离。

距离测量的工作内容就是量测两点间的水平距离,方法有钢尺量距、视距测量、电磁波测距和GPS测量等。

钢尺量距是用钢卷尺沿地面直接丈量距离;视距测量是利用经纬仪或水准仪望远镜中的视距丝及视距标尺按几何光学原理进行测距;电磁波测距是用仪器发射并接收电磁波,通过测量电磁波在待测距离上往返传播的时间解算出距离;GPS测量是利用两台GPS接收机接收空间轨道上4颗卫星发射的精密测距信号,通过距离空间交会的方法解算出两台GPS接收机之间的距离。

第一节 钢尺量距

一、量距工具

(一)钢尺

普通钢尺是用钢制成的带状尺(尺的宽度为10~15 mm,厚度约0.4 mm),长度有20 m、30 m、50 m等几种。钢尺的基本分划为厘米,在每厘米、每分米及每米处印有数字注记。一般的钢尺在起点的一分米内有毫米分划,也有部分钢尺在整个长度内都有毫米分划。

根据零点位置的不同,钢尺有端点尺和刻划尺两种。端点尺指钢尺的零点从拉环的外沿开始(见图4-1),刻划尺是指在钢尺的前端有一条刻划线作为钢尺的零分划值。

钢尺常在短距离测量中使用,精度一般为1/1 000~1/5 000。如果采用精密量距的方法,精度能达到万分之一。还有一种特殊的钢尺,称为因瓦尺,即用铁镍合金做成的钢尺,形状不是带状,而是线状,长度为24 m。因瓦尺由于受外界温度的影响很小,所以量距的精度很高,可达到百万分之一。

(二)其他辅助工具

(1)测钎。用于标定所量尺段的起止点。通常在量距的过程中,两个目标点之间的距离会大于钢尺的最大长度,所以要分段进行量距,那么每一段就用测钎来标定。

(2)标杆。就是实验中使用的花杆,标杆用于直线定线,也就是用标杆定出一条直线来。

(3)垂球。在不平坦地面上丈量时将钢尺的端点垂直投影到地面。因为用钢尺量距量

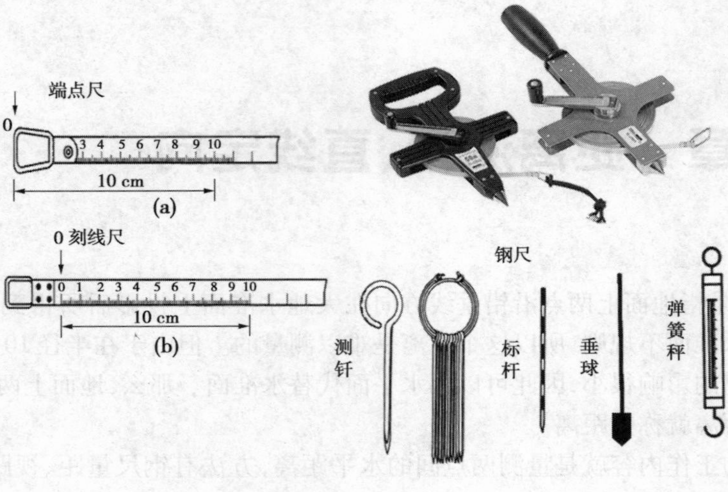

图 4-1　量距工具

取的是水平距离，如果地面不平坦，则需抬平钢尺进行丈量，此时可用垂球来投点。

（4）弹簧秤。用于对钢尺施加规定的拉力，温度计用于测定钢尺量距时的温度，以便对钢尺丈量的距离施加温度改正，尺夹安装在钢尺末端，以方便持尺员稳定钢尺。弹簧秤、温度计在精密量距时使用。

二、直线定线

由于测量两点间的水平距离要分段进行，即一段一段地量取两点间距离。为了保证各量距都处在同一条直线上，要进行直线定线。在分段量距中，在待测直线上标定若干分段点的工作称为直线定线。直线定线的方法包括目测定线和经纬仪定线。

（一）目测定线

目测定线适用于钢尺量距的一般方法。

设 A、B 两点互相通视（见图 4-2），要在 A、B 两点的直线上标出分段点 1、2 点。先在 A、B 点上竖立标杆，甲站在 A 点标杆后约 1 m 处，观测 A、B 杆同侧，构成视线，指挥乙左右移动标杆，直到甲从 A 点沿标杆的同一侧看到 A、2、B 三支标杆成一条线。

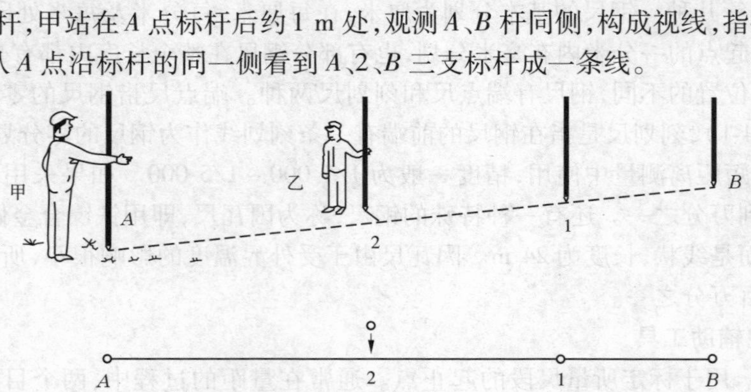

图 4-2　目视直线定线

同法可以定出直线上的其他点。两点间定线，一般应由远到近，即先定 1 点，再定 2 点。定线时，乙所持标杆应竖直，利用食指和拇指夹住标杆的上部，稍微提起，利用重心使标杆自然竖直。此外，为了不挡住甲的视线，乙应持标杆站立在直线方向的左侧或右侧。

（二）经纬仪定线

经纬仪定线适用于钢尺量距的精密方法。

设 A、B 两点互相通视，将经纬仪安置在 A 点，用望远镜纵丝瞄准 B 点（见图 4-3），制动照准部，望远镜上下转动，指挥在两点间某一点上的助手，左右移动标杆，直至标杆影像为纵丝所平分。为减小照准误差，精密定线时，可以用直径更细的测钎或垂球线代替标杆。

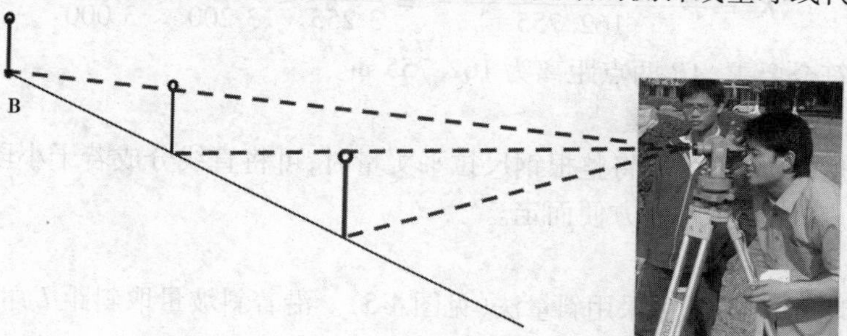

图 4-3　经纬仪直线定线

三、钢尺量距的一般方法

将地面上两点间的直线定出来后，就可以沿着这条直线丈量两点间水平距离。

（一）平坦地面的距离丈量

（1）在直线两端点 A、B 竖立标杆，准备钢尺（30 m）、尺夹、测钎等工具。

（2）后尺手持钢尺的零点（也就是有拉环的那一端）位于 A 点，前尺手持钢尺的末端沿定线方向向 B 点前进，至整 30 m 处插下测钎（直线定线），这样就量取了第 1 个尺段（见图 4-4）。

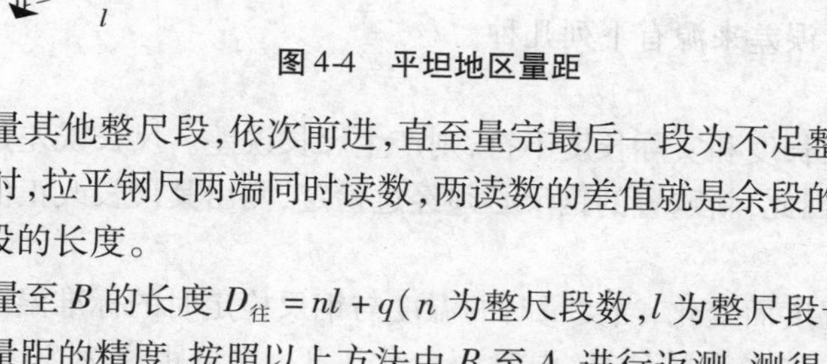

图 4-4　平坦地区量距

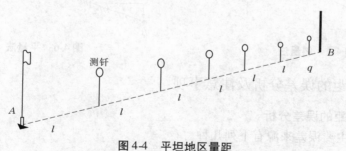

（3）以此方法量其他整尺段，依次前进，直至量完最后一段为不足整尺段的余段。

（4）丈量余段时，拉平钢尺两端同时读数，两读数的差值就是余段的长度，且余段需测 2 次，求平均得出余段的长度。

（5）求出从 A 量至 B 的长度 $D_{往}=nl+q$（n 为整尺段数，l 为整尺段长，q 为余长）。

（6）为了提高量距的精度，按照以上方法由 B 至 A，进行返测，测得 $D_{返}$。最后取往测和返测的距离平均值作为最终的测量结果。

（7）量距完之后还要进行量距精度的计算，看是否满足相关规范的要求，量距精度是用相对误差 K 来表示的。

$$K = |D_{往} - D_{返}| / D_{平均} = 1/M$$

$$D_{平均} = (D_{往} + D_{返})/2$$

在平坦地区进行钢尺量距，$K_{允} = 1/3\ 000$（相对误差应不大于1/3 000）（注意：K要写成$1/M$的形式），若在困难地区，相对误差应不大于1/1 000。若$K < K_{允}$，则$D_{平均}$为最后结果。

例：A、B两点间往测距离为162.73 m（$D_{往}$），返测距离为162.78 m（$D_{返}$），则

$$K = \frac{|162.73 - 162.78|}{162.755} = \frac{1}{3\ 255} \approx \frac{1}{3\ 200} < \frac{1}{3\ 000}$$

相对误差符合要求，AB两点距离为162.755 m。

（二）倾斜地面的距离丈量

当地面坡度较大，不可能将整根钢尺拉平丈量时，可将直线分成若干小段进行丈量。每段的长度视坡度大小、量距的方便而定。

1. 斜量法

当量距的坡度均匀时，可采用斜量法（见图4-5）。沿着斜坡量取斜距L，再用$D = L\cos\alpha = \sqrt{L^2 - h^2}$求得$A$、$B$间的水平距离。（需要测得竖直角或高差）

2. 平量法

当地势起伏不大时，可采用平量法。丈量由A点向B点进行，甲立于A点，指挥乙将尺拉在AB方向线上。甲将尺的零端对准A点，乙将钢尺抬高，并且目估使钢尺水平，然后用垂球尖将尺段的末端投影到地面上，插上测钎。若地面倾斜较大，将钢尺抬平有困难，可将一个尺段分成几个小段来平量，见图4-6。

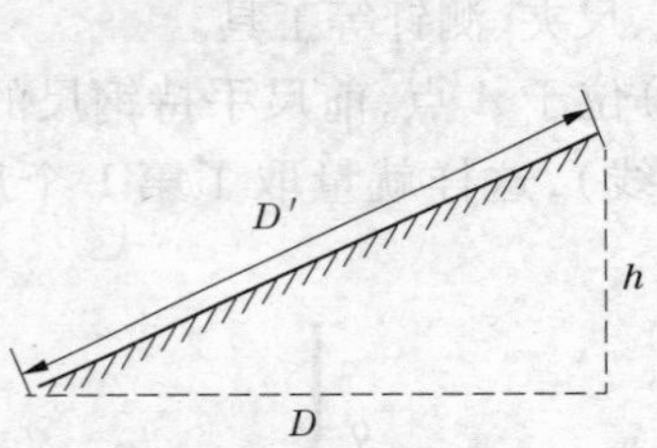

图4-5　斜量法

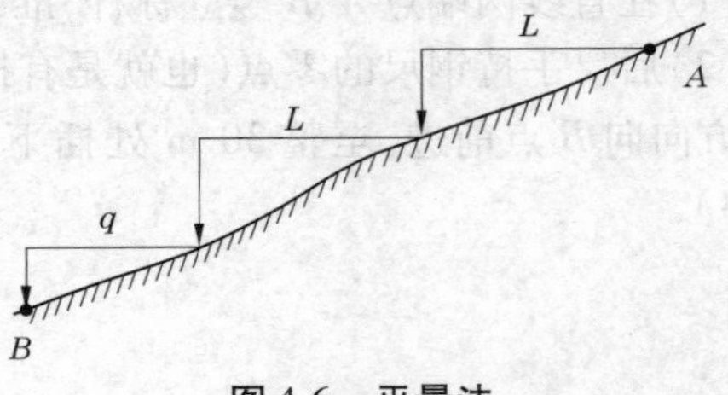

图4-6　平量法

四、钢尺量距的误差分析及注意事项

（一）钢尺量距的误差分析

钢尺量距的主要误差来源有下列几种。

1. 尺长误差

如果钢尺的名义长度和实际长度不符，则产生尺长误差。尺长误差是积累的，丈量的距离越长，误差越大。因此，新购置的钢尺必须经过检定，测出其尺长改正值。

2. 温度误差

钢尺的长度随温度而变化，当丈量时的温度与钢尺检定时的标准温度不一致时，将产生温度误差。按照钢的膨胀系数计算，温度每变化1 ℃，丈量距离为30 m时对距离影响为0.4 mm。

3. 钢尺倾斜和垂曲误差

在高低不平的地面上采用钢尺水平法量距时，钢尺不水平或中间下垂而成曲线时，都会

使量得的长度比实际要大。因此,丈量时必须注意钢尺水平,整尺段悬空时,中间应打托桩托住钢尺,否则会产生不容忽视的垂曲误差。

4. 定线误差

丈量时钢尺没有准确地放在所量距离的直线方向上,使所量距离不是直线而是一组折线,造成丈量结果偏大,这种误差称为定线误差。丈量30 m的距离,当偏差为0.25 m时,量距偏大1 mm。

5. 拉力误差

钢尺在丈量时所受拉力应与检定时的拉力相同。若拉力变化2.6 kg,尺长将改变1 mm。

6. 丈量误差

丈量时在地面上标志尺端点位置处插测钎不准,前、后尺手配合不佳,余长读数不准等都会引起丈量误差,这种误差对丈量结果的影响可正可负,大小不定。在丈量中要尽力做到对点准确,配合协调。

(二)钢尺的维护

(1)钢尺易生锈,丈量结束后应用软布擦去尺上的泥和水,涂上机油以防生锈。

(2)钢尺易折断,如果钢尺出现卷曲,切不可用力硬拉。

(3)丈量时,钢尺末端的持尺员应该用尺夹夹住钢尺后手握紧尺夹加力,没有尺夹时,可以用布或者纱手套包住钢尺代替尺夹,切不可手握尺盘或尺架加力,以免将钢尺拖出。

(4)在行人和车辆较多的地区量距时,中间要有专人保护,以防止钢尺被车辆碾压而折断。

(5)不准将钢尺沿地面拖拉,以免磨损尺面分划。

(6)收卷钢尺时,应按顺时针方向转动钢尺摇柄,切不可逆转,以免折断钢尺。

第二节 视距测量

视距测量是一种间接测距方法。它是利用望远镜内的视距装置(如十字丝分划板上的视距丝)和视距尺(如水准尺)配合,根据几何光学原理测定距离和高差的方法。

视距测量的精度约为1/300,所以只能用于一些精度要求不高的场合,如地形测量的碎部测量。

一、视准轴水平时的视距计算公式

如图4-7所示,AB为待测距离,在A点安置仪器,B点竖立视距尺,设望远镜视线水平,瞄准B点的视距尺,此时视线与视距尺垂直。通过上下两个视距丝可以读取视距尺上G、M两点读数,读数之间的差值l称为尺间隔(或视距间隔)。

视距间隔

$$l = G - M$$

设仪器中心到视距尺的平距为D,望远镜物镜的焦距为f,仪器中心到望远镜物镜的距离为δ,则$D = d + f + \delta$。

由三角形相似($\triangle FGM$相似于$\triangle Fm'g'$)可得:

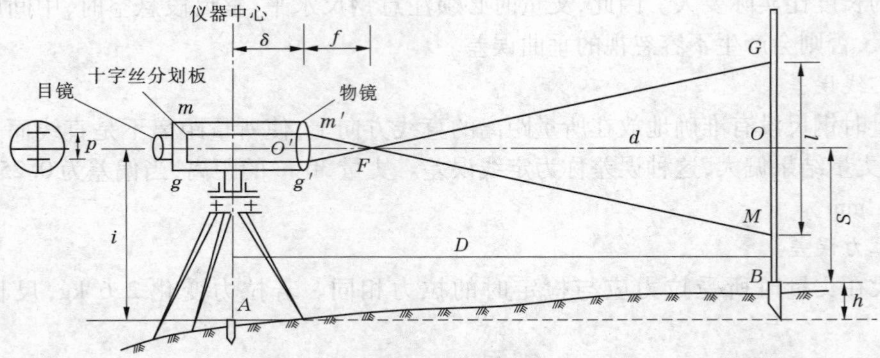

图 4-7　视距测量(视准轴水平)

$$d = \frac{f}{p}l$$

式中,p 为望远镜中上下视距丝的间距。

故
$$D = \frac{f}{p}l + f + \delta$$

令
$$K = \frac{f}{p}, C = f + \delta$$

则有
$$D = Kl + C$$

式中,K 为视距乘常数,C 为视距加常数。

在设计仪器时,通常使 $K = 100$,C 约为 0,因此视线水平时的视距计算公式为

$$D = Kl = 100l$$

测站点 A 到立尺点 B 之间的高差为

$$h = i - v$$

i 为仪器高,可以用钢卷尺量,v 为十字丝的中丝读数,或上下视距丝读数的平均值。

二、视准轴倾斜时的视距计算公式

当地形的起伏比较大时,望远镜要倾斜才能看见视距尺。此时视线不再垂直于视距尺,所以不能套用视线水平时的视距公式,而需要推出新的公式。

如图 4-8 所示,望远镜的中丝对准视距尺上的 O 点,望远镜的竖直角为 α。我们可以想象将水准尺绕 O 点旋转 α 角,此时视线就与旋转后的视距尺垂直了,只要求出视距尺旋转后的视距间隔(ab 之间的读数差 l'),就可以按照视线水平时的公式求出视线长度。

由于十字丝上下丝的距离很短,所以上下视距丝和中丝的夹角 φ 很小,约为 34′,那么 $\varphi/2$ 只有 17′,故可以把角 $ma'O$ 看成直角,同理,角 $mb'O$ 也可看成直角,又因为 $\angle aOa' = \angle bOb' = \alpha$,所以由三角函数可得

$$Oa' = Oa\cos\alpha, Ob' = Ob\cos\alpha$$

故
$$a'b' = ab\cos\alpha$$

所以
$$L = Kl\cos\alpha$$

AB 间水平距离
$$D = L\cos\alpha = Kl\cos^2\alpha$$

设 A、B 间高差为 h,目标高为 v(即十字丝中丝在视距尺上的读数),仪器高为 i,则 A、B

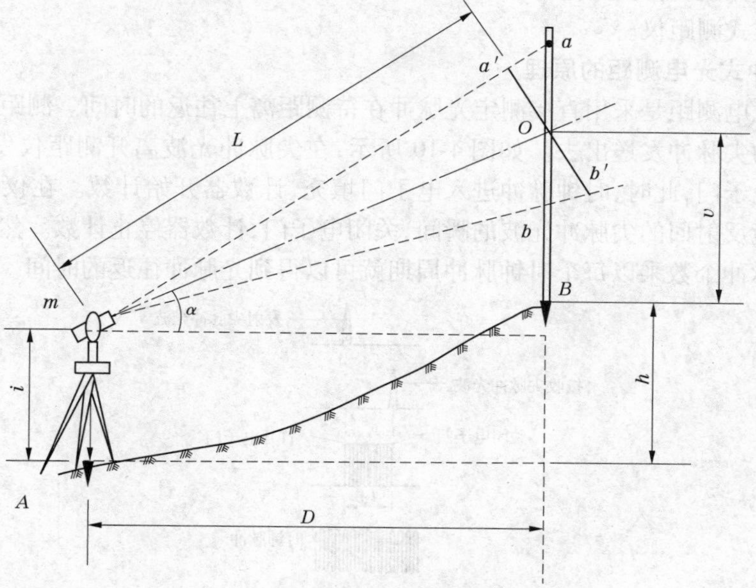

图 4-8　视距测量（视准轴倾斜）

之间的高差为

$$h = D\tan\alpha + i - v = \frac{1}{2}Kl\sin 2\alpha + i - v$$

第三节　光电测距

一、光电测距的原理

如图 4-9 所示，光电测距的基本原理是测距仪发出光脉冲，经反光棱镜反射后回到测距仪。假若能测定光在距离 D 上往返传播的时间，则可以利用测距公式计算出 A、B 两点的距离：

$$D = \frac{1}{2}Ct_{2D}$$

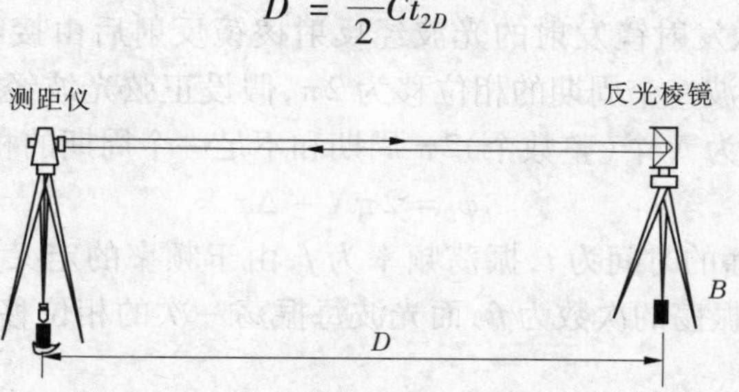

图 4-9　光电测距

图 4-9 中，D 为 A、B 两点的距离；C 为真空中的光速；注意 t_{2D} 为光从仪器到棱镜再到仪器的时间。

根据测量光波在待测距离 D 上往返一次传播时间 t_{2D} 的不同,光电测距仪可分为脉冲式测距仪和相位式测距仪。

(一)脉冲式光电测距的原理

脉冲式光电测距是采用直接测定光脉冲在待测距离上往返的时间。测距仪将光波调制成一定频率的尖脉冲发送出去。如图 4-10 所示,在尖脉冲光波离开测距仪发射镜的瞬间,触发打开了电子门,此时,时钟脉冲进入电子门填充,计数器开始计数。在仪器接收镜接收到由反光棱镜反射回的尖脉冲光波的瞬间,关闭电子门,计数器停止计数。然后根据计数器得到的时钟脉冲个数乘以每个时钟脉冲周期就可以得到光脉冲往返的时间。

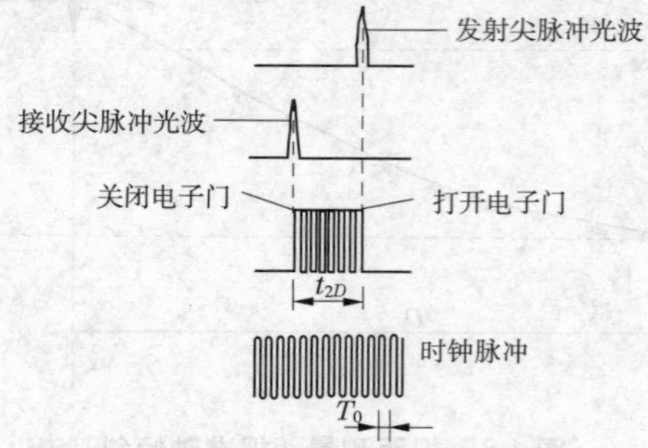

图 4-10　脉冲式光电测距原理

由于计数器只能记忆整数个的时钟周期,所以不足一个时钟周期的时间就会被丢弃掉,那么这就形成了计时上的误差,从而影响了测距的精度。如果将时钟脉冲周期缩短,那么丢弃掉的时间就会变小,测距的精度就会提高,但实际上这个时钟脉冲周期并不能无限缩短。

例如,要达到 ±1 cm 的测距精度,时钟脉冲的周期要达到 6.7×10^{-11} s,而这对于现在的制造技术来说是很难达到的。所以一般的脉冲式测距仪主要用于远距离测距,测距精度为 0.5 ~1 m。目前,世界上测距精度最高的脉冲式测距仪是徕卡公司的 DI3000,标称精度可达到 $3\ mm + 3 \times 10^{-6}$。不过它并不是直接采用缩短时钟周期的方法来提高精度,而是采用了其他的方法。

(二)相位式光电测距原理

相位式光电测距是将发射的光波调制成正弦波的形式,通过测量正弦光波在待测距离上往返传播的相位移来解算距离的,也就是通过测量光波传播了多少个周期来解算距离。

如图 4-11 所示,从发射镜发射的光波经反射棱镜反射后由接收镜接收后所展开的图形。我们知道,正弦光波一个周期的相位移为 2π,假设正弦光波经过发射和接收后的相位移为 φ,则 φ 可以分解为 N 个(整数个)2π 周期和不足一个周期的相位移 $\Delta\varphi$,即

$$\varphi = 2\pi N + \Delta\varphi \tag{4-1}$$

假设正弦光波传播的时间为 t,振荡频率为 f,由于频率的定义是光波一秒钟振荡的次数,那么时间 t 内光波振荡的次数为 ft,而光波每振荡一次的相位移为 2π,所以正弦光波经过时间 t 后相位移为

$$\varphi = 2\pi ft \tag{4-2}$$

由式(4-1)、式(4-2)可以得到

$$2\pi ft = 2\pi N + \Delta\varphi$$

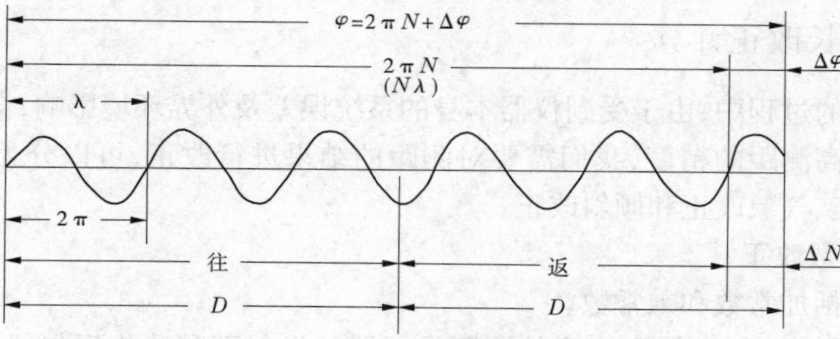

图 4-11　相位式光电测距的原理

故
$$t = \frac{2\pi N + \Delta\varphi}{2\pi f} = \frac{1}{f}(N + \frac{\Delta\varphi}{2\pi}) = \frac{1}{f}(N + \Delta N)$$

ΔN 为不足一周期的那一部分，即代表零点多个周期。

由光电测距的公式为

$$D = \frac{1}{2}ct = \frac{c}{2f}(N + \Delta N)$$

令 $\lambda = \frac{c}{f}$（λ 为光波的波长），故

$$D = \frac{\lambda}{2}(N + \Delta N)$$

令 $u = \frac{\lambda}{2}$，则

$$D = u(N + \Delta N) \tag{4-3}$$

u 称为光尺（或测尺），即光尺为半个波长。正弦光波的频率越大，则光波的波长越短，从而光尺的长度越短。例如，当光波的调制频率 $f = 75$ kHz 时，光尺 $u = 2$ km，当 $f = 15$ MHz 时，$u = 10$ m。

由于光尺的长度是已知的（因为光尺的长度在制造仪器时就可以确定下来），那么如果能够测出正弦光波在待测距离上往返传播的整周期相位移的数目 N 及不足一个周期的小数 ΔN，则可以根据式（4-3）求出待测距离 D。实际上，可以将光尺想象成一把尺子，然后用这把尺子去量距，那么一段距离就应该是整数倍的尺子加上不足一个尺子长度的部分。

在相位式光电测距仪中有一个电子部件，叫作相位计，它将发射镜发射的正弦波与接收镜接收到的正弦波的相位进行比较，就可以测出不足一个周期的小数 ΔN，其测相误差一般为 1/1 000。因此，光尺越长，测距精度越低，如光尺长度为 1 km，则精度为米级；光尺长度为 10 km，则精度为 10 米级。为了提高精度，可以将光尺变得短一些，但是光尺变短，又会出现另外的问题。由于相位计只能测不足一个周期的小数 ΔN，不能测出整数周期 N，如果待测距离大于光尺，那么这段距离实际上就测不出。这就出现了测程（即测距长度）与精度难以兼顾的问题：如果精度提高，光尺就要短，测程也会缩短；如果要保证测程，光尺就要长，精度随之降低。

为了解决这个问题，人们采用多个光尺来配合测距，用短的光尺保证精度，称为精尺，用长的光尺保证测程，称为粗尺。这就解决了测程和精度的矛盾。

二、测距边长改正计算

测距仪测距的过程中，由于受到仪器本身的系统误差及外界环境影响，会造成测距精度的下降。为了提高测距的精度，我们需要对测距的结果进行改正，可以分为三种类型的改正：仪器常数改正、气象改正和倾斜改正。

（一）仪器常数改正

仪器常数包括加常数和乘常数。

（1）加常数改正。加常数 K 产生的原因是仪器的发射面和接收面与仪器中心不一致，反光棱镜的等效反射面与反光棱镜的中心不一致，使得测距仪测出的距离值与实际距离值不一致（见图 4-12）。因此，测距仪测出的距离还要加上一个加常数 K 进行改正。

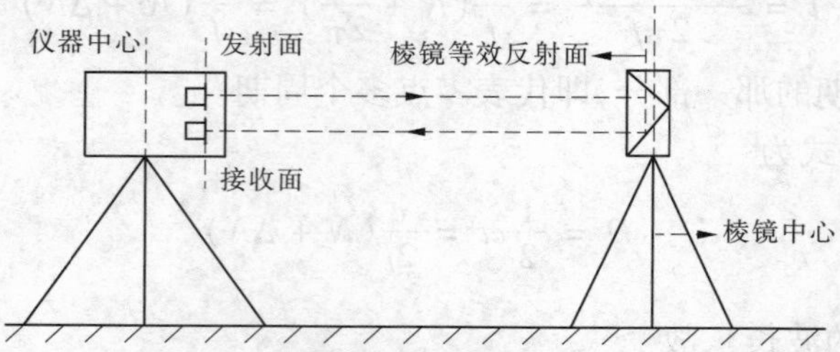

图 4-12　加常数

（2）乘常数改正。光尺长度经一段时间使用后，由于晶体老化，实际频率与设计频率有偏移，使测量成果存在着随距离变化的系统误差，其比例因子称乘常数 R。我们由测距的公式 $D = u(N + \Delta N)$ 可以看出，如果光尺长度变化，则对距离的影响是成比例的影响。所以，测距仪测出的距离还要乘上一个乘常数 R 进行改正。

对于加常数和乘常数，我们在测距前先进行检定。目前的测距仪都具有设置常数的功能，我们将加常数和乘常数预先设置在仪器中，然后在测距的时候仪器会自动改正。如果没有设置常数，那么可以先测出距离，然后按照下面公式进行改正：

$$\Delta D = K + RD$$

（二）气象改正

测距仪的测尺长度是在一定的气象条件下推算出来的。但是仪器在野外测量时的气象条件与标准气象不一致，使测距值产生系统误差。所以，在测距时应该同时测定环境温度和气压。然后利用厂家提供的气象改正公式计算改正值，或者根据厂家提供的对照表查找对应的改正值。对于有的仪器，可以将气压和温度输入到仪器中，由仪器自动改正。

（三）倾斜改正

$$D = D'\cos\alpha$$

$$D = D'\sin z$$

由于测距仪测得的是斜距，因此将斜距换算成平距时还要进行倾斜改正。目前的测距仪一般都与经纬仪组合，测距的同时可以测出竖直角 α 或天顶距 z，然后按上面公式计算平距。

三、测距仪的标称精度

测距误差可以分为两类：一类是与待测距离成比例的误差，如乘常数误差、温度和气压

等外界环境引起的误差;另一类是与待测距离无关的误差,如加常数误差。所以一般将测距仪的精度表达为下面的形式:

$$m_D = \pm(A + B \times 10^{-6} D)$$

式中,A 为固定误差,即测一次距离总会存在这么多的误差;B 为比例误差系数,表示每测量 1 km 就会存在这么多误差;1 ppm = 1 mm/1 km = 1×10^{-6};D 为所测距离,km。

例:如某台测距仪的标称精度为 $\pm(3\text{ mm}+5\times10^{-6})$,那么固定误差为 3 mm,比例误差系数为 5。

四、全站仪概述

全站仪是全站型电子速测仪的简称,它是由电子测角、光电测距、微型机及其软件组合而成的智能型光电测量仪器。从结构上来看,全站仪可以看成是电子经纬仪、光电测距仪和电子记录装置的结合体。

全站仪的主要品牌有 NTS、Topcon、SOKKIA、Pentax、Nikon、Leica、Zeiss、Trimble。

(一)全站仪的技术指标

全站仪的主要技术指标有测角精度、测距精度和测程。目前,测角精度最高为 0.5″,如徕卡的 TC2003,测距精度最高为 $1\text{ mm}+1\times10^{-6}$。此外,全站仪的重要技术指标还有内存大小,电池使用时间,倾斜补偿的范围和类型(单轴还是双轴),是否有免棱镜功能、自动调焦功能,仪器内置的软件丰富程度,仪器是否可升级,防水、防尘性能等。

(二)测量机器人

测量机器人是集自动识别、自动瞄准、自动测量、自动记录为一体的全站仪。测量机器人目前主要用在变形观测方面,如山体、建筑物的变形监测。利用测量机器人可实现无人值守、自动、高精度连续监测,并将监测数据传输到计算机中,当发现变形超过一定限度时能够自动预警。

代表产品:Leica TCA2003 的测角精度 0.5″,测距精度 $1\text{ mm}+1\times10^{-6}$。

第四节　直线定向

确定地面两点在平面上的位置,不仅需要测量两点间的距离,还要确定两点间直线的方向,因此我们要进行直线定向的工作。

确定地面直线与标准方向间的水平夹角称为直线定向。

一、标准方向

测量中常用的标准方向有三种。

(一)真子午线方向

地表任一点 P 与地球旋转轴所组成的平面与地球表面的交线称为 P 点的真子午线,真子午线在 P 点的切线方向称为 P 点的真子午线方向。

应用天文测量方法或者陀螺经纬仪来测定地表任一点的真子午线方向。

(二)磁子午线方向

地表任一点 P 与地球磁场南北极连线所组成的平面与地球表面的交线称为点的磁子

午线,磁子午线在点 P 的切线方向称为点的磁子午线方向。

应用罗盘仪来测定,在点 P 安置一个罗盘,磁针自由静止时其轴线所指的方向即为点 P 的磁子午线方向。

(三)坐标纵轴方向

过地表任一点且与其所在的高斯平面直角坐标系或者假定坐标系的坐标纵轴平行的直线称为点的坐标纵轴方向。

二、表示直线的方法

(一)方位角

测量中常用方位角来表示直线方向。由标准方向的北端起,顺时针方向到某直线的水平夹角,称为该直线的方位角。方位角的取值范围为0°~360°。

(1)真方位角。若标准方向为真子午线方向,那么方位角就称为真方位角,用 A 表示。

(2)磁方位角。若标准方向为磁子午线方向,那么方位角就称为磁方位角,用 A_m 表示。

(3)坐标方位角。若标准方向为坐标纵轴方向,那么方位角就称为坐标方位角,用 α 表示。

(二)象限角

(1)定义:从标准方向线的北端或南端,顺时针或逆时针量至某直线的锐角,称为直线的象限角 R。

(2)表示方法:在角度值后面注明象限。

如 R_{01} =35°NE(北东,表示象限角在第一象限);R_{02} = 35°SE(南东,表示象限角在第二象限,这里需要注意测量坐标系的象限顺序与数学中坐标系的象限顺序不同);R_{03} = 35°SW(南西,表示三象限);R_{04} = 35°NW(北西,表示四象限)。

(三)方位角与象限角的关系

如图4-13所示,在象限Ⅰ中,直线的方位角就等于直线的象限角,在象限Ⅱ中,直线的方位角等于180°减去它的方位角,同理可以推出其他象限的情况。

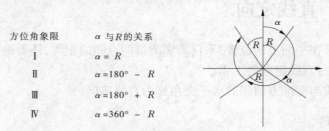

方位角象限	α 与 R 的关系
Ⅰ	$\alpha = R$
Ⅱ	$\alpha = 180° - R$
Ⅲ	$\alpha = 180° + R$
Ⅳ	$\alpha = 360° - R$

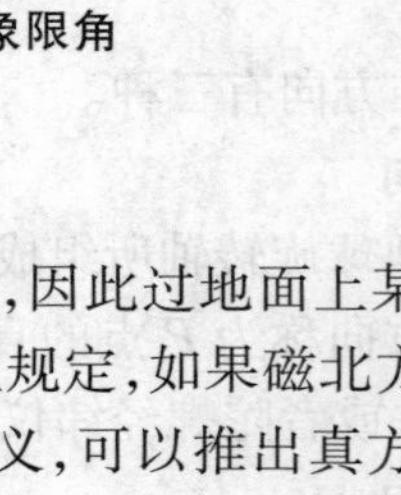

图4-13 方位角与象限角

(四)三种方位角之间的关系

1.真方位角与磁方位角

由于地球的磁极与地球旋转轴的南北极不重合,因此过地面上某点的真北方向与磁北方向不重合,两者之间的夹角为磁偏角,记为 δ,并且规定,如果磁北方向在真北方向以东称东偏,则 $\delta > 0$,反之称西偏,$\delta < 0$。根据磁偏角的定义,可以推出真方位角和磁方位角的换算公式为

$$A = A_m + \delta \tag{4-4}$$

由于地球的磁极是在不断变化的,所以磁偏角也在不断变化。一般磁方位角精度较低。定向困难的地区,可用罗盘仪测出磁方位角来代替坐标方位角。真方位角主要是用在大地测量中。

2. 真方位角与坐标方位角

地面上不同经度的子午线都会会聚于两极,所以只要不在赤道上,地面点的真北方向与坐标北方向就不会重合,两者之间的夹角就称为子午线收敛角,记为γ。

与磁偏角的规定类似,坐标纵轴方向位于真子午线方向以东,称东偏,子午线收敛角$\gamma>0$,反之称西偏$\gamma<0$。那么真方位角与坐标方位角之间的关系为

$$A = \alpha + \gamma \tag{4-5}$$

3. 磁方位角与坐标方位角

由式(4-4)、式(4-5)可以推出磁方位角与坐标方位角的关系

$$\alpha = A_m + \delta - \gamma \tag{4-6}$$

(五)正、反坐标方位角

测量中任何直线都有一定的方向。如图4-14所示,直线AB,A为起点,B为终点。过起点A的坐标北方向与直线AB的夹角α_{AB}称为直线AB的正方位角。过终点B的坐标北方向,与直线BA的夹角α_{BA}称为直线AB的反方位角。由于A、B两点的坐标北方向是平行的,所以正、反方位角相差180°。

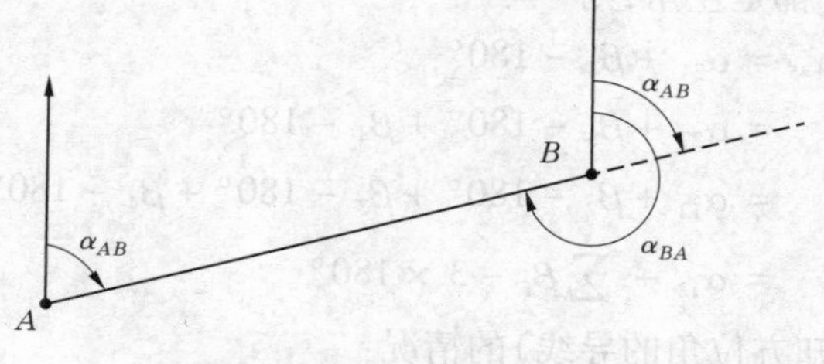

图4-14　正、反坐标方位角

计算公式:

$$\alpha_{正} = \alpha_{反} \pm 180°$$

$$\alpha_{AB} = \alpha_{BA} \pm 180°$$

说明:由于地面上A、B两点的真子午线不平行,这两点的磁子午线也不平行,所以A、B两点正反真方位角之差不会刚好等于180°,而是随着这两点的纬度不同发生变化。同样,正反磁方位角间也没有固定的关系,这给测量计算带来不便,所以常采用坐标方位角来做直线定向。

(六)坐标方位角的推算

在控制测量工作中,通常要在地面上布设一些控制点,然后从某一点出发,沿着一定的方向前进,测量出每一个控制点的坐标。由控制点连接而成的折线称为导线,相邻的导线边之间的夹角称为转折角。转折角有左右之分,在前进方向左侧的称为左角,在前进方向右侧的称为右角(注:在测量工作中,应该统一测量左角或右角)。

假设导线边12的方位角α_{12}是已知的(见图4-15),并且用经纬仪采用测回法测量出来

每个转折角的大小。现在要求出其他导线边的方位角以便进行下一步的坐标计算。如何推算各导线边的坐标方位角?

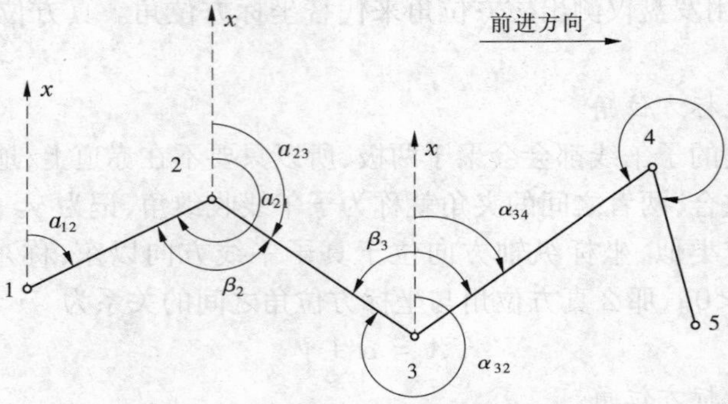

图 4-15　坐标方位角的推算

α_{23}为导线边 23 的方位角,$\beta_{左}$ 为在 2 号点观测的右角 β_2,可以看出:

$$\alpha_{23} = \alpha_{12} + \beta_2 \pm 180°$$

α_{34}为导线边 34 的方位角,$\beta_{左}$ 为在 3 号点观测的左角 β_3:

$$\alpha_{34} = \alpha_{23} + \beta_3 \pm 180°$$

综上,可得方位角推算公式

$$\alpha_{前} = \alpha_{后} + \beta_{左} \pm 180° \text{ 或 } \alpha_{前} = \alpha_{后} - \beta_{右} \pm 180°$$

$\alpha_{前}$ 表示在前进方向上,前面这条边的方位角,$\alpha_{后}$ 表示后面那条边的方位角。

若转折角 β_1、β_2、β_3 都是左角,则

$$\begin{aligned}\alpha_{45} &= \alpha_{34} + \beta_4 - 180° \\ &= \alpha_{23} + \beta_3 - 180° + \beta_4 - 180° \\ &= \alpha_{12} + \beta_2 - 180° + \beta_3 - 180° + \beta_4 - 180° \\ &= \alpha_{12} + \sum \beta_i - 3 \times 180°\end{aligned}$$

推展到 n 条边(未知方位角的导线)的情况:

$$\alpha_n = \alpha_0 + \sum \beta_i + n \times 180°$$

式中,β_i 为转折角;n 为转折角的个数。

(七)坐标的计算

1. 坐标正算

如图 4-16 所示,有两个地面点 A、B,已知 A 点的坐标(x_A,y_A),方位角 α_{AB} 和 A、B 间的水平距离 D_{AB},现在要求 B 点的坐标,这一过程称为坐标正算。

由图 4-16 可得:

$$\Delta x_{AB} = D_{AB}\cos\alpha_{AB}$$
$$\Delta y_{AB} = D_{AB}\sin\alpha_{AB}$$

故

$$x_B = x_A + \Delta x_{AB} = x_A + D_{AB}\cos\alpha_{AB}$$
$$y_B = y_A + \Delta y_{AB} = y_A + D_{AB}\sin\alpha_{AB}$$

2. 坐标反算

假如已知 A、B 两点的坐标,现在要求两点间水平距离 D_{AB} 和方位角 α_{AB}(见图 4-17),这一过程称为坐标反算。

$$\alpha_{AB} = \arctan \frac{\Delta y}{\Delta x}$$

$$D_{AB} = \sqrt{\Delta x_{AB}^2 + \Delta y_{AB}^2}$$

直线 AB 的方位角，应根据 ΔY、ΔX 的符号来确定。

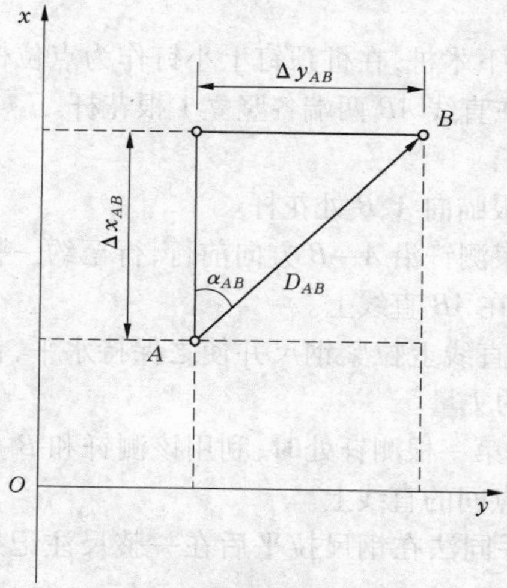

图 4-16　坐标正算

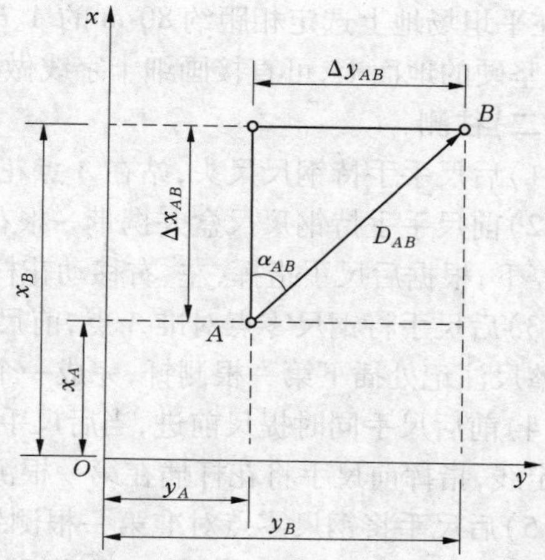

图 4-17　坐标反算

第五节　实验操作

实验一　钢尺量距与用罗盘仪测定磁方位角

水平距离和方位角是确定地面点平面位置的主要参数。距离测量是测量的基本工作之一，钢尺量距是距离测量中方法简便、成本较低、使用较广的一种方法。本实验通过使用钢尺丈量距离及用罗盘仪确定直线的磁方位角，使同学们熟悉距离丈量与磁方位角测定的工具、仪器等，正确掌握其使用方法。

一、实验性质

验证性实验，实验学时数安排为 1 ~ 2 学时。

二、目的和要求

(1) 熟悉距离丈量的工具、设备，认识罗盘仪。
(2) 掌握用钢尺按一般方法进行距离丈量。
(3) 掌握用罗盘仪测定直线的磁方位角。

三、仪器和工具

(1) 钢尺 1 把，测钎 1 束，花杆 3 根，罗盘仪(带脚架) 1 个，木桩及小钉各 2 个，斧子 1

把，记录板 1 块。

(2) 自备铅笔、计算器。

四、方法步骤

(一) 定桩

在平坦场地上选定相距约 80 m 的 A、B 两点，打下木桩，在桩顶钉上小钉作为点位标志（若在坚硬的地面上，可直接画细十字线做标记）。在直线 AB 两端各竖立 1 根花杆。

(二) 往测

(1) 后尺手手持钢尺尺头，站在 A 点花杆后，单眼瞄向 A、B 处花杆。

(2) 前尺手手持钢尺尺盒并携带一根花杆和一束测钎沿 $A \to B$ 方向前行，行至约一整尺长处停下，根据后尺手指挥，左、右移动花杆，使之插在 AB 直线上。

(3) 后尺手将钢尺零点对准 A 点，前尺手在 AB 直线上拉紧钢尺并使之保持水平，在钢尺一整尺注记处插下第一根测钎，完成一个整尺段的丈量。

(4) 前后尺手同时提尺前进，当后尺手行至所插第一根测钎处时，利用该测钎和 B 点处花杆定线，指挥前尺手将花杆插在第一根测钎与 B 点间的直线上。

(5) 后尺手将钢尺零点对准第一根测钎，前尺手同法在钢尺拉平后在一整尺注记处插入第二根测钎，随后后尺手将第一根测钎拔出收起。

(6) 同法依次类推丈量其他各尺段。

(7) 到最后一段时，往往不足一整尺长。后尺手将尺的零端对准测钎，前尺手拉平拉紧钢尺对准 B 点，读出尺上读数，读至毫米位，即为余长 q，做好记录。然后，后尺手拔出收起最后一根测钎。

(8) 此时，后尺手手中所收测钎数 n 即为 AB 距离的整尺数，整尺数乘以钢尺整尺长 l 加上最后一段余长 q 即为 AB 往测距离，即 $D_{AB} = nl + q$。

(三) 返测

往测结束后，再由 B 点向 A 点同法进行定线量距，得到返测距离 D_{BA}。

(四) 计算平均值

根据往返测距离 D_{AB} 和 D_{BA} 计算量距相对误差 $K = \frac{|D_{AB} - D_{BA}|}{\overline{D}_{AB}} = \frac{1}{M}$，与容许误差 $K_{容} = \frac{1}{3\,000}$ 相比较。若精度满足要求，则 AB 距离的平均值 $\overline{D}_{AB} = \frac{D_{AB} + D_{BA}}{2}$ 即为两点间的水平距离。

(五) 罗盘仪定向

(1) 在 A 点架设罗盘仪，对中。通过刻度盘内正交两个方向上的水准管调整刻度盘，使刻度盘处于水平状态。

(2) 旋松罗盘仪刻度盘底部的磁针固定螺丝，使磁针落在顶针上。

(3) 用望远镜瞄准 B 点（注意保持刻度盘处于整平状态）。

(4) 当磁针摆动静止时，从刻度盘上读取磁针北端所指示的读数，估读到 0.5°，即为 AB 边的磁方位角，做好记录。

(5) 同法在 B 点瞄准 A 点，测出 BA 边的磁方位角。最后检查正、反磁方位角的互差是否超限(限差≤1°)。

五、注意事项

(1)钢尺必须经过检定才能使用。

(2)拉尺时,尺面应保持水平、不得握住尺盒拉紧钢尺。收尺时,手摇柄要顺时针方向旋转。

(3)钢卷尺尺质较脆,应避免过往行人和车辆踩、压,避免在水中拖拉。

(4)测磁方位角时,要认清磁针北端,应避免铁器干扰。搬迁罗盘仪时,要固定磁针。

(5)限差要求:量距的相对误差应小于1/3 000,定向的误差应小于1°。超限时应重新测量。

(6)钢尺使用完毕,擦拭后归还。

六、上交资料

实验结束后将测量实验报告以小组为单位装订成册上交。

测量实验报告

姓名＿＿＿＿＿ 学号 ＿＿＿＿＿ 班级＿＿＿＿ 指导教师 ＿＿＿＿＿ 日期 ＿＿＿＿

[实验名称]

[目的与要求]

[仪器和工具]

[主要步骤]

[观测数据及处理]

观测数据及处理见表 4-1。

表 4-1　距离丈量及磁方位角测定记录

钢尺号码 ＿＿＿ 钢尺长度 ＿＿＿ 天气 ＿＿＿ 地点 ＿＿＿ 记录者＿＿＿＿ 观测者 ＿＿＿＿

测段	丈量	整尺段数 n	余长 (m)	直线长度 (m)	平均长度 (m)	丈量精度	磁方位角 A_m	磁方位角平均值
	往							
	返							
	往							
	返							
	往							
	返							
	往							
	返							

[体会及建议]

[教师评语]

实验二　视距测量

视距测量是根据光学原理，利用望远镜中的视距丝同时测定碎部点距离和高差的一种方法。其特点是：操作简便、受地形限制小，但精度仅能达到1/200～1/300。通过本实验可以加深同学们对视距测量的理解，掌握视距测量的方法。

一、实验性质

验证性实验，实验学时数可安排为1～2学时。

二、目的和要求

(1)进一步理解视距测量的原理。
(2)练习用视距测量的方法测定地面两点间的水平距离和高差。
(3)学会用计算器进行视距计算。

三、仪器和工具

(1)经纬仪1台、水准尺1根、2 m钢卷尺1把、木桩2个、小钉2个、斧头1把、记录板1块、测伞2把。
(2)自备铅笔、计算器。

四、方法步骤

(1)在地面选定间距大于40 m的A、B两点打木桩，在桩顶钉小钉作为A、B两点的标志。

(2)将经纬仪安置(对中、整平)于A点，用小卷尺量取仪器高i(地面点到仪器横轴的距离)，精确到厘米，记录。

(3)在B点上竖立视距尺。

(4)上仰望远镜，根据读数变化规律确定竖角计算公式，写在记录表格表头。

(5)望远镜盘左位置瞄准视距尺，使中丝对准视距尺上仪器高i的读数v处(即$v=i$)，读取下丝读数a及上丝读数b，记录，计算$l_{左}=a-b$。

(6)转动竖盘指标水准管微倾螺旋使竖盘指标水准管气泡居中(电子经纬仪无此操作)，读取竖盘读数l，记录，计算竖直角$\alpha_{左}$。

(7)望远镜盘右位置重复第(5)、(6)步得$l_{右}$和$\alpha_{右}$。

(8)计算竖盘指标差，计算盘左、盘右尺间隔及竖直角的平均值l、α。

(9)用计算器根据l、α计算A、B两点的水平距离D_{AB}和高差h_{AB}。当A点高程给定时，计算B点高程。

(10)再将仪器安置于B点，重新用小卷尺量取仪器高i，在A点立尺，测定B、A点间的水平距离D_{BA}和高差h_{BA}，对前面的观测结果予以检核，在限差满足要求时，取平均值求出两点间的距离D_{AB}和高差h_{AB}($h_{AB}=-h_{BA}$)。当A点高程给定时，计算B点高程。

(11)上述观测完成后，可随机选择测站点附近的碎部点作为立尺点，进行视距测量练习。

五、注意事项

(1)观测时,竖盘指标差应在 ±25′以内;上、中、下三丝读数应满足$\left|\frac{上+下}{2}-中\right|\leqslant 6$ mm。

(2)用光学经纬仪中丝读数前,应使竖盘指标水准管气泡居中。

(3)视距尺应立直。

(4)水平距离往返观测的相对误差的限差 $K_{容}=\frac{1}{300}$,高差之差的限差 $\Delta h_{容}$ 为 ±5 cm。

(5)公式 $D=Kl\cos^2\alpha$,$h=\frac{1}{2}Kl\sin 2\alpha+i-v$(式中 $k=100$)用科学计算器(Konko KS-1058)计算,按键顺序为(显示器模式-DEG):α [DGE] [COS] [x^2] [×] 100 [×] l [=] 显示 D 值;α [DGE] [×] 2 [=] [sin] [×] l [×] 100 [÷] 2 [+] i [−] v [=] 显示 h 值。

(6)若 AB 两点间高差较小,则可使视线水平,即盘左读数为 90°(盘右读数为 270°),读取上丝读数 a'、下丝读数 b',计算视距间隔 $l'=b'-a'$,再使竖盘指标水准管气泡居中,读取中丝读数 v,计算水平距离 $D=Kl$,高差 $h=i-v$。

六、上交资料

实验结束后将测量实验报告以小组为单位装订成册上交。

测量实验报告

姓名__________学号__________班级__________指导教师__________日期__________

［实验名称］

［目的与要求］

［仪器和工具］

［主要步骤］

［观测数据及处理］

观测数据及其处理见表4-2。

表4-2　视距测量记录

仪器号__________　天气__________　测站点高程__________　仪器高__________

地点__________　观测者__________　记录者__________　竖角计算公式__________

测站	立尺点号	下丝读数 a 上丝读数 b 尺间隔 l	中丝读数 v (m)	竖盘读数及半测回竖直角 (° ′ ″)	一测回竖直角及指标差 (° ′ ″)	水平距离 D(m)	高差 h (m)	高程 H(m)
				$L=$				
				$\alpha_{左}=$	$\alpha=$			
				$R=$	$x=$			
				$\alpha_{右}=$				
				$L=$				
				$\alpha_{左}=$	$\alpha=$			
				$R=$	$x=$			
				$\alpha_{右}=$				
				$L=$				
				$\alpha_{左}=$	$\alpha=$			
				$R=$	$x=$			
				$\alpha_{右}=$				
				$L=$				
				$\alpha_{左}=$	$\alpha=$			
				$R=$.	$x=$			
				$\alpha_{右}=$				

［体会及建议］

［教师评语］

习　题

1. 普通视距测量的误差来源有哪些？主要影响因素是什么？

2. 视距尺竖立不直的误差对距离的影响规律是什么？

3. 已知上丝读数为 1 865，下丝读数为 1 227，竖直角 $\alpha = -3°29'$，仪器高为 1.586 m，中丝读数为 1 550，求测站点至待测点之间的高差 h 和水平距离 S。

4. 试推导视准轴倾斜时的视距测量公式。

5. 已知坐标：$A(126.480, -240.640)$，$B(228.680, -342.840)$。求直线 AB 的坐标方位角。

6. 已知 $\Delta x_{12} < 0$，$\Delta y_{12} < 0$；$\Delta x_{23} < 0$，$\Delta y_{23} > 0$。问：直线 12 和直线 23 各处于第几象限？它们的象限角与方位角的关系是什么？

第五章　小区域控制测量

第一节　控制测量概述

为了减少测量工作中的误差累计，应该遵循三个基本原则："从整体到局部、由高级到低级、先控制后碎部"。这几个基本原则说明测量工作是首先建立控制网，进行控制测量，然后在控制网的基础上进行施工测量、碎部测量等工作。另外，这几个基本原则还有一层含义：控制测量是先布设能控制一个大范围、大区域的高等级控制网，然后由高等级控制网逐级加密，直至最低等级的图根控制网，控制网的范围也会一级一级的减小。

如图 5-1 所示，要测量图上的这块区域，可以先在测区的范围内选定一些对整体具有控制作用的点，称为控制点。这些控制点组成的一个网状结构就称为控制网，为建立控制网所进行的测量工作就称为控制测量。

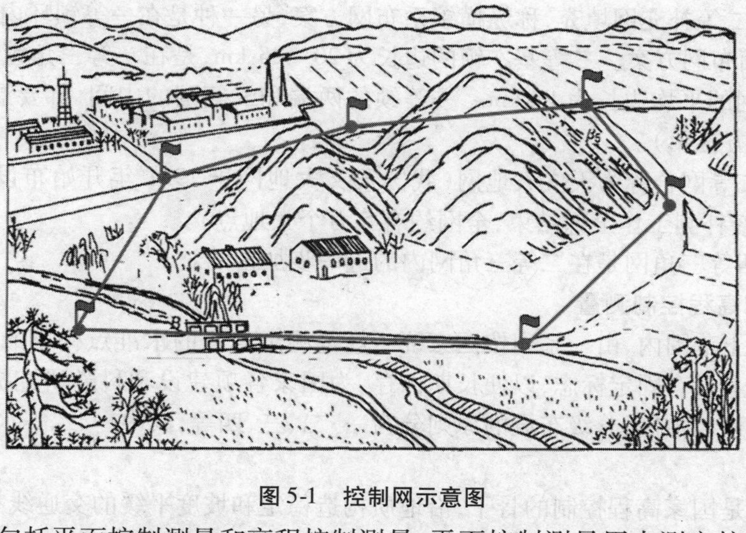

图 5-1　控制网示意图

控制测量包括平面控制测量和高程控制测量，平面控制测量用来测定控制点的平面坐标，高程控制测量用来测定控制点的高程。

一、平面控制测量

平面控制网主要包括 GPS 控制网、三角网和导线网。

GPS 控制网是采用全球定位系统建立的。三角网是指地面上一系列的点构成连续的三角形，这些三角形所形成的网状结构就是三角网。导线的概念在前面就已经讲过了，将地面上一系列的控制点依次连接起来，所形成的折线就是导线。由导线所构成的控制网就是导线网。导线测量是本章要重点讲述的内容。

二、高程控制测量

高程控制网主要采用水准测量、三角高程测量的方法建立。用水准测量方法建立的高程控制网称为水准网。三角高程测量主要用于地形起伏较大、直接用水准测量有困难的地区。

三、国家基本控制网

在全国范围内建立的高程控制网和平面控制网，称为国家控制网。它是全国各种比例尺测图的基本控制，也为研究地球的形状和大小（提供依据）、了解地壳水平形变和垂直形变的大小及趋势和地震预测等服务。

（一）国家平面控制网

我国的国家平面控制网是采用逐级控制、分级布设的原则，分一、二、三、四等方法建立起来的，主要用三角测量法布设，在西部困难地区采用精密导线测量法。目前，我国正由GPS控制测量逐步取代三角测量。

一等三角锁沿经线和纬线布设成纵横交叉的三角锁系，锁长200～250 km，构成许多锁环。一等三角锁内由近于等边的三角形组成，边长为20～30 km。二等三角测量有两种布网形式，一种是由纵横交叉的两条二等基本锁将一等锁环划分成4个大致相等的部分，这4个空白部分用二等补充网填充，称纵横锁系布网方案；另一种是在一等锁环内布设全面二等三角网，称全面布网方案。二等基本锁的边长为20～25 km，是在一等三角锁的基础上加密得到的（二等网的平均边长为13 km。一等锁的两端和二等网的中间，都要测定起算边长、天文经纬度和方位角）。

国家一、二等网合称为天文大地网（我国天文大地网于1951年开始布设，1961年基本完成，1975年修补测工作全部结束，全网约有5万个大地点）。

国家三、四等三角网是在二等三角网内的进一步加密的。

（二）国家高程控制测量

在全国领土范围内，由一系列按国家统一规范测定高程的水准点构成的网称为国家水准网。水准点上设有固定标志，以便长期保存，为国家各项建设和科学研究提供高程资料。国家水准网按逐级控制、分级布设的原则分为一、二、三、四等，其中一、二等水准测量称为精密水准测量。

一等水准是国家高程控制的骨干，沿地质构造稳定和坡度平缓的交通线布满全国，构成网状。一等水准路线全长为93 000多km，包括100个闭合环，环的周长为800～1 500 km。二等水准是国家高程控制网的全面基础，一般沿铁路、公路和河流布设。二等水准环线布设在一等水准环内，每个环的周长为300～700 km，全长为137 000多km，包括822个闭合环。沿一、二等水准路线还要进行重力测量，提供重力改正数据。一、二等水准环线要定期复测，检查水准点的高程变化供研究地壳垂直运动用。三、四等水准直接为测制地形图和各项工程建设用。三等环不超过300 km；四等水准一般布设为附合在高等级水准点上的附合路线，其长度不超过80 km。全国各地地面点的高程，不论是高山、平原及江河湖面的高程都是根据国家水准网统一传算的。

三、四等水准网是国家高程控制点的进一步加密，主要是为测绘地形图和各种工程建设提供高程起算数据。三、四等水准路线应附合于高等级水准点之间，并尽可能交叉，构成闭合环。

四、小区域控制网

在 10 km^2 范围内为地形测图或工程测量所建立的控制网称小区域控制网。在这个范围内，水准面可视为水平面，可采用独立平面直角坐标系计算控制点的坐标，而不需将测量成果归算到高斯平面上。小区域控制网应尽可能与国家控制网或城市控制网联测（城市控制网是指在城市地区建立的控制网，它属于区域控制网，它是国家控制网的发展和延伸），将国家或城市控制网的高级控制点作为小区域控制网的起算和校核数据。如果测区内或测区附近没有高级控制点，或联测较为困难，也可建立独立平面控制网。

小区域控制网同样也包括平面控制网和高程控制网两种。平面控制网的建立主要采用导线测量和小三角测量，高程控制网的建立主要采用三、四等水准测量和三角高程测量。

小区域平面控制网，应根据测区的大小分级建立测区首级控制网和图根控制网。直接为测图而建立的控制网称为图根控制网，其控制点称为图根点。图根点的密度应根据测图比例尺和地形条件而定。

小区域高程控制网，也应根据测区的大小和工程要求采用分级建立。一般以国家或城市等级水准点为基础，在测区建立三、四等水准路线或水准网，再以三、四等水准点为基础，测定图根点高程。

第二节　导线测量

导线测量是平面控制测量的一种方法（是建立小地区平面控制网常用的一种方法），主要用于隐蔽地区、带状地区、城建区、地下工程、公路、铁路和水利等控制点的测量。

将相邻控制点连成直线而构成的折线称为导线，控制点称为导线点，折线边称为导线边。注意相邻导线点之间要保证通视。

要求出控制点的平面坐标，关键是要知道一个已知点的坐标、一条导线边的方位角。通常我们会有一些起算数据，例如 A、B 是更高一级的平面控制网的控制点，A、B 的坐标是已知的（通常用双线表示已知数据），然后将导线与 A、B 进行联测。由于 A、B 的坐标已知，则 A、B 的方位角已知，然后只要测量每条导线边的转折角，根据方位角的推算公式就可以把每条导线边的方位角求出来。而导线边的距离可以用距离测量的方法测出来。至于已知点的坐标，我们可以利用 B 点坐标求出 1 点坐标，由 1 点坐标求出 2 点坐标，然后依次类推。

所以，导线测量的工作就是依次测定导线边的水平距离和两相邻导线边的水平夹角，然后根据起算数据，推算各边的坐标方位角，最后求出导线点的平面坐标。

一、导线的布设

导线的布设形式有闭合导线、附合导线、支导线三种（见图 5-2）。

（一）闭合导线

起止于同一已知点或同一条已知边的导线，称为闭合导线。

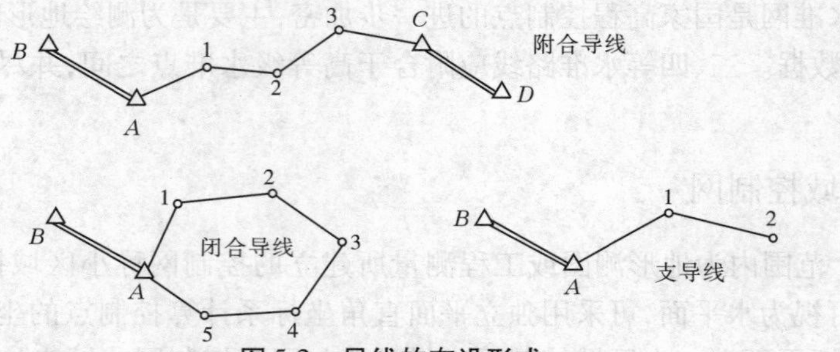

图 5-2　导线的布设形式

图 5-3 中给出了闭合导线的三种情形：在图 5-3(a)中，闭合导线附近没有高一级的控制点，因此不能联测。这种情况可以假定一点的坐标(如点 1)，并用罗盘仪测 12 导线边的磁方位角，用磁方位角近似代替 12 边的坐标方位角。当然，12 边的坐标方位角也可以假定，在校区内实习通常采用这种情况。

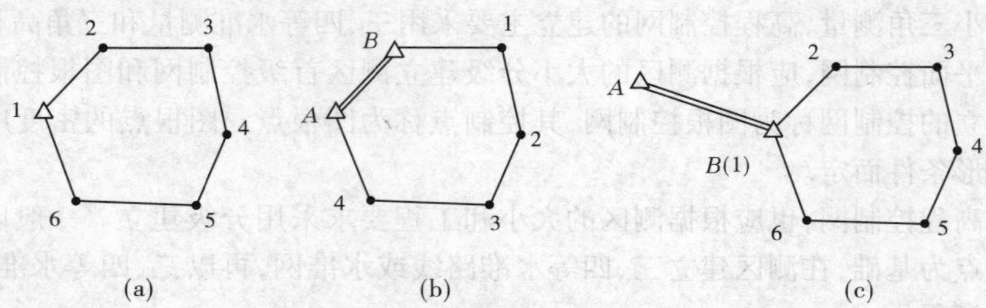

图 5-3　闭合导线布设形式

在图 5-3(b)、(c)中，闭合导线附近有高级控制点，因此可进行联测。在图 5-3(b)中，高级控制点 *A* 本身就是闭合导线中的一个控制点。在图 5-3(c)中，先由高级控制点 *A*、*B* 推算出点 1 的平面坐标，然后由 1 依次推算出其他导线点的坐标。

它有 3 个检核条件：一个多边形内角和条件及两个坐标增量条件。用经纬仪测闭合导线的内角，在理论上内角和为$(n-2)\times180°$。对于坐标增量，由于闭合导线最后又测回了起点，则$\sum\Delta x_i=0$，$\sum\Delta y_i=0$。

(二)附合导线

布设在两个已知点之间的导线称为附合导线。如图 5-2 中，从一高级控制点 *A* 和已知方向 *BA* 出发，经导线点 1、2、3 点最后附合到另一高级控制点 *C* 和已知方向 *CD* 上。实际上 *A*、*C* 点也是附合导线的一部分。

附合导线有 3 个检核条件：一个坐标方位角条件和两个坐标增量条件。坐标方位角的条件为$\alpha_{终}=\alpha_{始}+\sum\beta_i+n\times180°$，$\alpha_{始}$ 为起始边的方位角，也就是 *BA* 边的方位角，$\alpha_{终}$ 为终止边的方位角，也就是 *CD* 这条边的方位角，它们在理论上应该有公式描述的这种关系，但是由于测转折角(即 β 角)的时候有误差存在，所以实际推算出来的 $\alpha_{终}$ 并不会等于已知的 *CD* 边的方位角。因此，可以采用这个公式作为一个检核条件，表明误差的大小，如果超出了一定限度就要重测转折角。对于坐标增量的和，有 $\sum\Delta x_{理}=x_{终}-x_{始}$，$\sum\Delta y_{理}=y_{终}-y_{始}$这两个检核条件也应该是显而易见的。

(三)支导线

仅从一个已知点和一已知方向出发，测出 1～2 个点，称为支导线。当导线点的数目不能满足局部测图的需要时，常采用支导线的形式。支导线只有必要的起算数据，没有检核条件，它只限于在图根导线中使用，且支导线的点数一般不应超过 2 个。

（四）结点导线和导线网

根据测区的具体情况，导线还可以布成结点导线和导线网的形式，如前面所讲的在校区内测地形图，图根导线就可以布成导线网的形式。

二、导线测量外业

导线测量外业工作包括踏勘选点、建立标志、量边、测角。

（一）踏勘选点及建立标志

在踏勘选点之前，应到有关部门收集测区原有的地形图、高一等级控制点的成果资料，然后在地形图上初步设计导线布设路线，最后按照设计方案到实地踏勘选点。现场踏勘选点时，应注意下列事项：

（1）相邻导线点间应通视良好，以便进行角度测量和距离测量。如采用钢尺量距丈量导线边长，则沿线地势应较平坦，没有障碍物。

（2）点位应选在土质坚实并便于保存之处。

（3）在点位上，视野应开阔（如布设在交叉路口），便于测绘周围的地物和地貌。

（4）导线边长最长不超过平均边长的 2 倍，相邻边长尽量不使其长短相差悬殊。

（5）导线应均匀分布在测区，便于控制整个测区。

导线点位选定后，在泥土地面上，要在点位上打一木桩，桩顶钉上一小钉，作为临时性标志；在碎石或沥青路面上，可以用顶上凿有十字纹的大铁钉代替木桩；在混凝土场地或路面上，可以用钢凿凿一十字纹，再涂上红油漆使标志明显。

若导线点需要长期保存，则可以埋设混凝土导线点标石。导线点在地形图上的表示符号见图 5-4，正方形的长宽均为 2 mm，圆的直径为 1.6 mm，“EL014”为该导线点的点号，“553.26”为该导线点的高程。

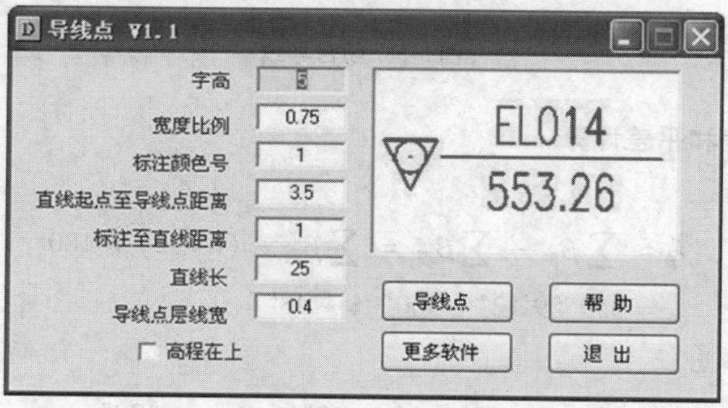

图 5-4　导线点图式

导线点埋设后，为便于观测时寻找，可以在点位附近房角或电线杆等明显地物上用红油漆标明指示导线点的位置。应为每一个导线点绘制一张点之记。

（二）外业测量

1. 导线边长测量

图根导线边长可以使用检定过的钢尺丈量或检定过的光电测距仪测量。钢尺量距宜采用双次丈量方法，其较差的相对误差不应大于1/3 000。钢尺的尺长改正数大于1/10 000时，应加尺长改正；量距时平均尺温与检定时温度相差超过±10 ℃时，应进行温度改正；尺面倾斜大于1.5%时，应进行倾斜改正。

2. 导线转折角测量

导线转折角是指在导线点上由相邻导线边构成的水平角。导线转折角分为左角和右角，在导线前进方向左侧的水平角称为左角，右侧的水平角称为右角。如果观测没有误差，在同一个导线点测得的左角与右角之和应等于360°。图根导线的转折角可以用DJ_6级经纬仪测回法观测一测回，应统一观测左角或右角，对于闭合导线，一般是观测闭合多边形的内角。

三、导线内业处理

以图5-5导线处理为例详细说明导线内业处理的过程。图5-5由四个控制点构成闭合导线。A点为起点，其坐标是(1 000.00 m，1 000.00 m)，外业测量数据见图5-5。

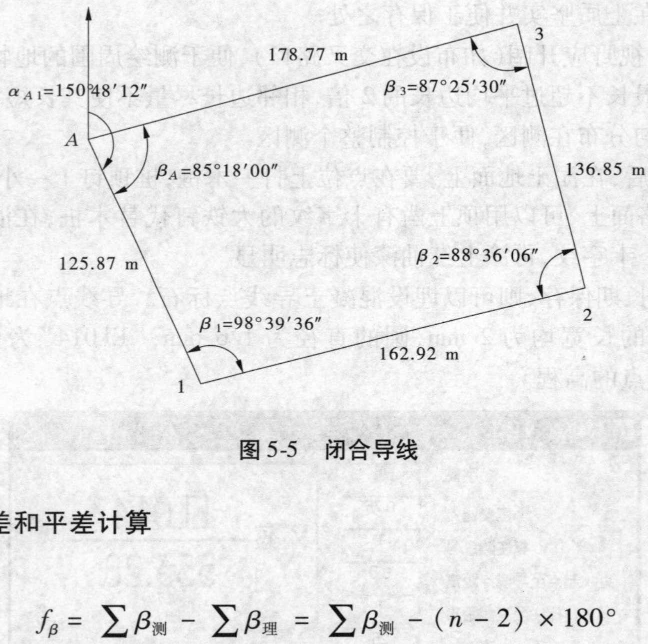

图5-5　闭合导线

(一)角闭合差和平差计算

1. 角闭合差

$$f_\beta = \sum\beta_{测} - \sum\beta_{理} = \sum\beta_{测} - (n-2)\times180^\circ$$
$$= 359^\circ59'12'' - 360^\circ = -48''$$

2. 检验角闭合差

$$f_{\beta容} = \pm60''\sqrt{n} = \pm60''\times\sqrt{4} = \pm120''$$

因为$|f_\beta| \leqslant |f_{\beta容}|$，所以精度满足要求，可以进行平差计算。

3. 观测角的调整(平差)

(1)计算改正数。将角闭合差反符号平均分配到各观测角中，得角度改正数：

$$v_\beta = -\frac{f_\beta}{n} = -\frac{-48''}{4} = +12''\quad \sum v_\beta = 4\times12'' = 48''$$

(2)改正后的观测角。

$$\beta_{改} = \beta_{测} + v_\beta$$
$$\beta_A = 85°18'00'' + 12'' = 85°18'12''$$
$$\beta_1 = 98°39'36'' + 12'' = 98°39'48''$$
$$\beta_2 = 88°36'06'' + 12'' = 88°36'18''$$
$$\beta_3 = 87°25'30'' + 12'' = 87°25'42''$$
$$\sum \beta_{改} = 360°00'00''$$

(3)计算检核。

$$\begin{cases} \sum v_\beta = -f_\beta \\ \sum \beta_{改} = \sum \beta_{理} = (n-2) \times 180° \end{cases}$$

(二)导线边坐标方位角的计算

左角法公式：　$\alpha_{前} = \alpha_{后} + \alpha_{左} \mp 180°$

右角法公式：　$\alpha_{前} = \alpha_{后} - \beta_{右} \pm 180°$

起算方位角 $\alpha_{A1} = 150°48'12''$,逆时针推算,左角法:

$$\alpha_{12} = 150°48'12'' + 98°39'48'' - 180° = 69°28'00''$$
$$\alpha_{23} = 69°28'00'' + 88°36'18'' + 180° = 338°04'18''$$
$$\alpha_{3A} = 338°04'18'' + 87°25'42'' - 180° = 245°30'00''$$
$$\alpha_{A1} = 245°30'00'' + 85°18'12'' - 180° = 150°48'12''$$

(三)坐标增量的计算

$$\begin{cases} \Delta x_{A1} = 125.87\cos150°48'12'' = -109.88 \\ \Delta x_{12} = 162.92\cos69°28'00'' = +57.14 \\ \Delta x_{23} = 136.85\cos338°04'18'' = +126.95 \\ \Delta x_{3A} = 178.77\cos245°30'00'' = -74.13 \end{cases}$$

$$\begin{cases} \Delta y_{A1} = 125.87\sin150°48'12'' = +61.40 \\ \Delta y_{12} = 162.92\sin69°28'00'' = +152.57 \\ \Delta y_{23} = 136.85\sin338°04'18'' = -51.11 \\ \Delta y_{3A} = 178.77\sin245°30'00'' = -162.67 \end{cases}$$

(四)坐标增量闭合差和平差计算

因为闭合导线的坐标增量的总和理论上应等于零,所以

(1)纵、横坐标增量闭合差

$$\begin{cases} f_x = \sum \Delta x_{测} - \sum \Delta x_{理} = \sum \Delta x_{测} \\ f_y = \sum \Delta y_{测} - \sum \Delta y_{理} = \sum \Delta y_{测} \end{cases}$$

(2)导线全长闭合差

$$f_D = \sqrt{f_x^2 + f_y^2}$$

(3)导线全长相对闭合差

$$K = \frac{f_D}{\sum D} = \frac{1}{\sum D / f_D}$$

本例中，$f_x = +0.08\ \text{m}$，$f_y = +0.19\ \text{m}$，$f_D = 0.21\ \text{m}$，$K = \frac{1}{604.41/0.21} = \frac{1}{2\ 880}$

(4)闭合差检验。因 $K_{容} = 1/2\ 000$，$K < K_{容}$，所以可以进入平差计算。

(5)坐标增量的调整(平差)。

①调整原则:将坐标增量闭合差反符号与边长成正比例分配到各坐标增量中。

②增量改正数的计算。

改正数

$$\begin{cases} v_{xi} = -\dfrac{f_x}{\sum D} D_i \\ v_{yi} = -\dfrac{f_y}{\sum D} D_i \end{cases}$$

检验

$$\begin{cases} \sum v_{xi} = -f_x \\ \sum v_{yi} = -f_y \end{cases}$$

本例中先计算常数项，后计算改正数，再进行"四舍六入，遇五奇进偶不进"。

$$\begin{cases} f_x / \sum D = +0.08/604.41 = 1.32 \times 10^{-4} \\ f_y / \sum D = +0.19/604.41 = 3.14 \times 10^{-4} \end{cases}$$

则

$$\begin{cases} v_{x1} = -1.32 \times 10^{-4} \times 125.87 = -0.016 \Rightarrow -0.02 \\ v_{x2} = -1.32 \times 10^{-4} \times 162.92 = -0.022 \Rightarrow -0.02 \\ v_{x3} = -1.32 \times 10^{-4} \times 136.85 = -0.018 \Rightarrow -0.02 \\ v_{x4} = -1.32 \times 10^{-4} \times 178.77 = -0.024 \Rightarrow -0.02 \\ \sum v_{xi} = -0.08 = -f_x \end{cases}$$

$$\begin{cases} v_{y1} = -3.14 \times 10^{-4} \times 125.87 = -0.040 \Rightarrow -0.04 \\ v_{y2} = -3.14 \times 10^{-4} \times 162.92 = -0.051 \Rightarrow -0.05 \\ v_{y3} = -3.14 \times 10^{-4} \times 136.85 = -0.043 \Rightarrow -0.04 \\ v_{y4} = -3.14 \times 10^{-4} \times 178.77 = -0.056 \Rightarrow -0.06 \\ \sum v_{yi} = -0.19 = -f_y \end{cases}$$

③改正后的坐标增量。

计算公式
$$\begin{cases}\Delta x_{i改} = \Delta x_i + v_{xi} \\ \Delta y_{i改} = \Delta y_i + v_{yi}\end{cases}$$

检验
$$\sum \Delta x_i = 0,\quad \sum \Delta y_i = 0$$

本例中，

$$\begin{cases}\Delta x_{A1改} = -109.88 + (-0.02) = -109.90 \\ \Delta x_{12改} = +57.14 + (-0.02) = +57.12 \\ \Delta x_{23改} = +126.95 + (-0.02) = +126.93 \\ \Delta x_{3A改} = -74.13 + (-0.02) = -74.15 \\ \sum \Delta x_{i改} = 0\end{cases}$$

$$\begin{cases}\Delta Y_{A1改} = +61.40 + (-0.04) = +61.36 \\ \Delta Y_{12改} = +152.57 + (-0.05) = +152.52 \\ \Delta Y_{23改} = -51.11 + (-0.04) = +51.15 \\ \Delta Y_{3A改} = -162.67 + (-0.06) = -162.73 \\ \sum \Delta Y_{i改} = 0\end{cases}$$

（五）导线点坐标的计算

先给出起算点 A 点坐标，$(x_A, y_A) = (1\,000.00, 1\,000.00)$，再推算其他坐标。

坐标推算公式

$$\begin{cases}x_{i+1} = x_i + \Delta x_{i,i+1改} \\ y_{i+1} = y_i + \Delta y_{i,i+1改}\end{cases}$$

$$\begin{cases}x_1 = x_A + \Delta x_{A1改} = 1\,000.00 + (-109.90) = 890.10 \\ x_2 = x_1 + \Delta x_{12改} = 890.10 + 57.12 = 947.22 \\ x_3 = x_2 + \Delta x_{23改} = 947.22 + 126.93 = 1\,074.15 \\ x_A = x_3 + \Delta x_{3A改} = 1\,074.15 + (-74.15) = 1\,000.00\end{cases}$$

本例中，

$$\begin{cases}y_1 = y_A + \Delta x_{3A改} = 1\,000.00 + 61.36 = 1\,061.36 \\ y_2 = y_1 + \Delta y_{12改} = 1\,061.36 + 152.52 = 1\,213.88 \\ y_3 = y_2 + \Delta y_{23改} = 1\,213.88 + (-51.15) = 1\,162.73 \\ y_A = y_3 + \Delta y_{3A} = 1\,162.73 + (-162.73) = 1\,000.00\end{cases}$$

在实际工作中，采用导线计算表，列表进行以上所有计算（见表 5-1）。

表 5-1　闭合导线坐标计算表

点号	观测角 (° ′ ″)	坐标方位角 (° ′ ″)	边长 (m)	坐标增量(m) Δx	Δy	改正后坐标增量 Δx′	Δy′	导线点坐标(m) x	y
A								1 000.00	1 000.00
		150 48 12	125.87	(−2) −109.88	(−4) +61.40	−109.90	+61.36		
1	(+12) 98 39 36							890.10	1 061.36
		69 28 00	162.92	(−2) +57.14	(−5) +152.57	+57.12	+152.52		
2	(+12) 88 36 06							947.22	1 213.88
		338 04 18	136.85	(−2) +126.95	(−4) −51.11	+126.93	−51.15		
3	(+12) 87 25 30							1 074.15	1 162.73
		245 30 00	178.77	(−2) −74.13	(−6) −162.67	−74.15	−162.73		
A	(+12) 85 18 00							1 000.00	1 000.00
		150 48 12							
1									
Σ	359 59 12		604.41	+0.08	+0.19	0	0		

$\sum\beta_{理} = (n-2)\times180° = 360°$

$f_\beta = \sum\beta_{测} - \sum\beta_{理} = -48''$

$f_{\beta容} = \pm 60\sqrt{n} = \pm 120''$

$v_\beta = -(-48'')/4 = +12''$

$f_x = +0.08 \quad f_y = +0.19 \quad f_D = 0.21$

$K = f_D/\sum D = 1/2\,880 \quad K_{容} = 1/2\,000$

$f_x/\sum D = +0.08/604.41 = 1.32\times10^{-4}$,

$f_y/\sum D = +0.19/604.41 = 3.14\times10^{-4}$

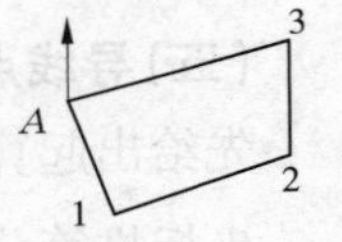

附合导线的内业计算和闭合导线的内业计算步骤和方法一致，这里不再做详述。

第三节　交会定点

如果当原有的控制点不能满足测图和施工需要时，就需要进行控制点的加密。加密控制点可以采用交会定点的方法。

交会定点方法包括测角交会法、测边交会法、边角交会法。测角交会法又包括前方交会、侧方交会、后方交会。

一、前方交会

前方交会如图 5-6 所示。

图 5-6 中，A、B 为已知控制点，通过观测水平角 α、β 来求待定点 P 点的坐标

$$\begin{cases} x_P = \dfrac{x_A\cot\beta + x_B\cot\alpha + (y_B - y_A)}{\cot\alpha + \cot\beta} \\ y_P = \dfrac{y_A\cot\beta + y_B\cot\alpha - (x_B - y_A)}{\cot\alpha + \cot\beta} \end{cases}$$

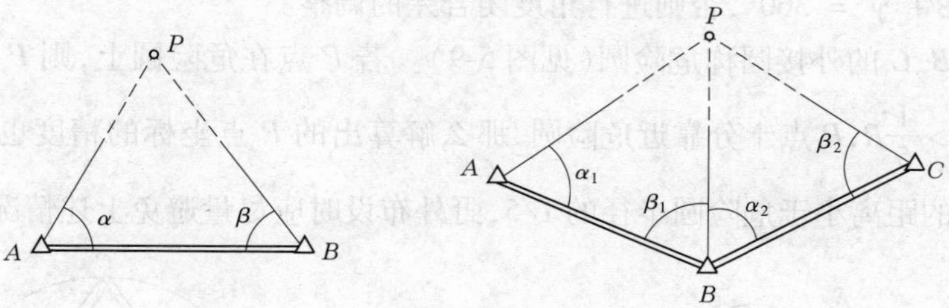

图 5-6　前方交会

在使用这个公式的时候应该注意一个角度编号的问题，不然可能导致角度和坐标的对应关系会出错：可以将 A、B、P 按逆时针方向编号，α 对应 A 点，β 对应 B 点。

为了防止错误，提高精度，前方交会一般应在三个已知控制点上观测。如图 5-3 所示，若通过两个三角形分别计算 P 点坐标，可取其平均值作为 P 点坐标，两组坐标较差为

$$\Delta = \pm\sqrt{(x_{P1}-x_{P2})^2+(y_{P1}-y_{P2})^2} \leqslant 0.2M(\text{mm})$$

式中，M 为测图比例尺分母。

二、侧方交会

侧方交会如图 5-7 所示：A、B 是已知控制点，通过观测水平角 α、γ 来求 P 点坐标。侧方交会是在一个已知控制点和待定点观测，间接得到 β 角：$\beta = 180° - (\alpha+\gamma)$，然后按前方交会计算待定点 P 的坐标。

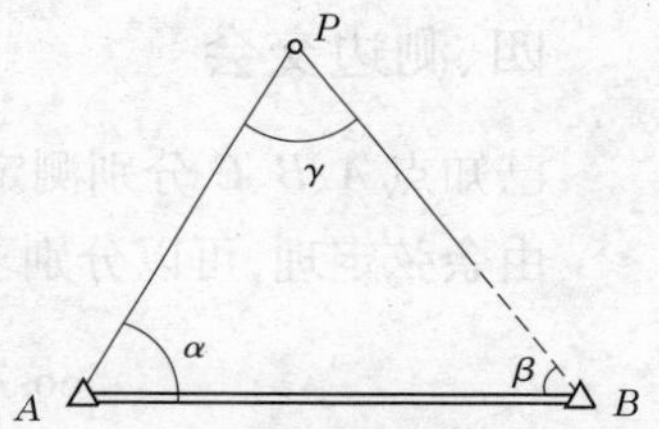

图 5-7　侧方交会

三、后方交会

如图 5-8 所示，A、B、C 是三个已知点，通过在 P 点安置经纬仪分别观测 α、β、γ 这三个水平夹角的大小来求 P 点的坐标称为后方交会。

后方交会通常使用一种仿权公式，因其公式形式如同加权平均值而得名。

$$\begin{cases} x_P = \dfrac{P_A x_A + P_B x_B + P_C x_C}{P_A + P_B + P_C} \\ y_P = \dfrac{P_A y_A + P_B y_B + P_C y_c}{P_A + P_B + P_C} \end{cases}$$

式中

$$\begin{cases} P_A = \dfrac{1}{\cot A - \cot\alpha} \\ P_B = \dfrac{1}{\cot B - \cot\beta} \\ P_C = \dfrac{1}{\cot C - \cot\gamma} \end{cases}$$

使用仿权公式有几点要注意：

(1) 编号：A 与 α、B 与 β、C 与 γ 分别对应同一边。

(2) A、B、C 成一条直线时，不能使用这个公式。

(3) $\alpha+\beta+\gamma=360°$,否则进行角度闭合差的调整。

(4)过 A、B、C 的外接圆称危险圆(见图 5-9)。若 P 点在危险圆上,则 P 点坐标解算不出来。如果 $P>\frac{1}{5}R$,P 点十分靠近危险圆,那么解算出的 P 点坐标的精度也比较低。规定 P 点离危险圆的距离小于危险圆半径的 1/5,野外布设时应尽量避免上述情况。

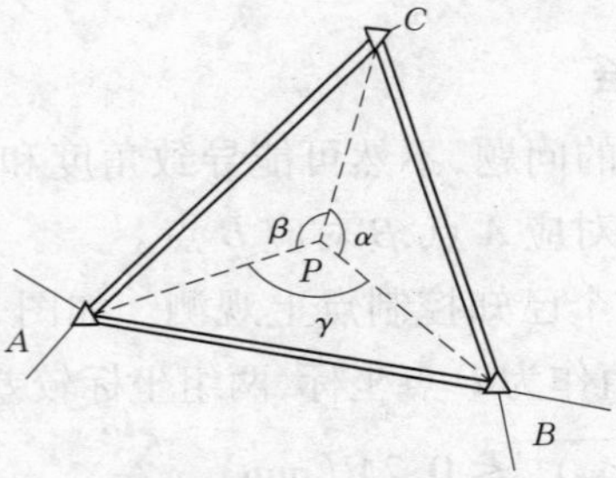

图 5-8　后方交会

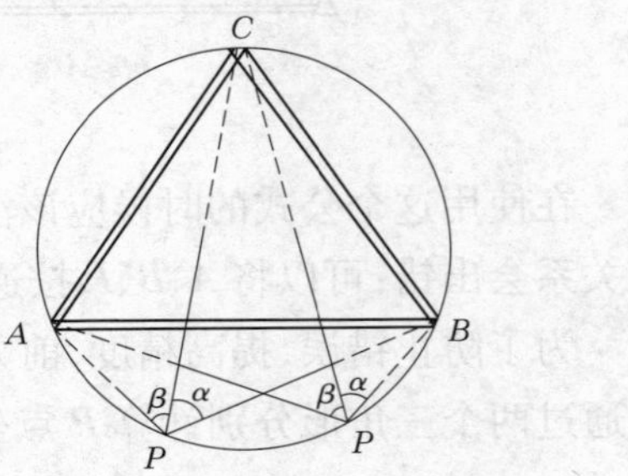

图 5-9　危险圆

四、测边交会

已知点 A、B、C 分别测定到待定 P 点的距离,按下述内容求 P 点坐标(见图 5-10)。

由余弦定理,可以分别求出 A、C 两角的大小:

$$\cos A=\frac{S_{AB}^2+a^2-b^2}{2aS_{AB}},\cos C=\frac{S_{CB}^2+c^2-b^2}{2aS_{CB}}$$

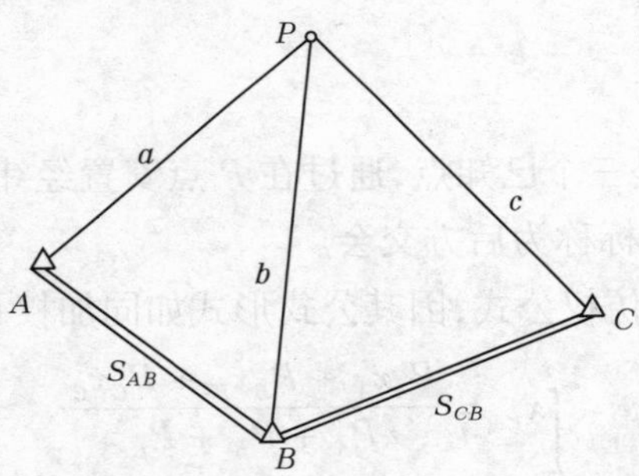

图 5-10　测边交会

求出 AP 和 CP 的方位角:

$$\alpha_{AP}=\alpha_{AB}-A,\quad \alpha_{CP}=\alpha_{CB}+C$$

由坐标正算公式计算 P 点坐标:

$$\begin{cases}x''_P=x_C+c\cos\alpha_{CP}\\ y''_P=y_C+c\sin\alpha_{CP}\end{cases}$$

$$\begin{cases}x'_P=x_A+\alpha\cos\alpha_{AP}\\ y'_P=y_A+a\sin\alpha_{AP}\end{cases}$$

如果两组坐标的点位较差在限差之内,则取平均值作为最后结果。

第四节 实验操作

实验一 控制测量

根据测量工作的组织程序和原则，进行任何一项测量工作都要首先进行整体布置，然后分区、分期、分批实施，即首先建立平面和高程控制网，在此基础上进行碎部测量及其他测量工作。各小组根据地形布设控制点，在此基础上在小组的测图范围内建立图根控制网。在建立图根控制网时，可以根据测区高级控制点的分布情况，布置成附合导线、闭合导线。

一、图根导线测量的外业工作

(一)踏勘选点

各小组在指定测区进行踏勘，了解测区地形条件和地物分布情况，根据测区范围及测图要求确定布网方案。选点时应在相邻两点各站一人，相互通视后方可确定点位。

选点时应注意以下几点：

(1)相邻点间通视好，地势较平坦，便于测角和量边。

(2)点位应选在土地坚实，便于保存标志和安置仪器处。

(3)视野开阔，便于进行地形、地物的碎部测量。

(4)相邻导线边的长度应大致相等。

(5)控制点应有足够的密度，分布较均匀，便于控制整个测区。

(6)各小组间的控制点应合理分布，避免互相遮挡视线。

点位选定之后，应立即做好点的标记，若在土质地面上可打木桩，并在桩顶钉小钉或画“十”字作为点的标志；若在水泥等较硬的地面上可用油漆画“十”字标记。在点标记旁边的固定地物上用油漆标明导线点的位置并编写组别与点号。导线点应分等级统一编号，以便测量资料的管理。为了使所测角既是内角也是左角，闭合导线点可按逆时针方向编号。

(二)平面控制测量

1. 导线转折角测量

导线转折角是由相邻导线边构成的水平角。一般测定导线延伸方向左侧的转折角，闭合导线大多测内角。图根导线转折角可用6″级经纬仪按测回法观测一个测回。对中误差应不超过3 mm，水平角上、下半测回角值之差应不超过40″，否则，应予以重新测量。图根导线角度闭合差应不超过±40″，n 为导线的观测角个数。

2. 边长测量

边长测量就是测量相邻导线点间的水平距离。经纬仪钢尺导线的边长测量采用钢尺量距；红外测距导线边长测量采用光电测距仪或全站仪测距。钢尺量距应进行往返丈量，其相对误差应不超过1/3 000，特殊困难地区应不超过1/1 000，高差较大地方需要进行高差的改正。由于钢尺量距一般需要进行定线，故可以和水平角测量同时进行，即可以用经纬仪一边进行水平角测量，一边为钢尺量距进行定线。

3. 联测

为了导线定位及获得已知坐标，需要将导线点同高级控制点进行联测。可用经纬仪按测回法观测连接角，用钢尺（光电测距仪或全站仪）测距。

若测区附近没有已知点，也可采用假定坐标，即用罗盘仪测量导线起始边的磁方位角，并假定导线起始点的坐标值（起始点假定坐标值可由指导教师统一指定）。

4. 高程控制测量

图根控制点的高程一般采用普通水准测量的方法测得，山区或丘陵地区可采用三角高程测量方法。根据高级水准点，沿各图根控制点进行水准测量，形成闭合或附合水准路线。

水准测量可用 DS_3 型水准仪沿路线设站单程施测，注意前后视距应尽量相等，可采用双面尺法或变动仪器高法进行观测，视线长度应不超过 100 m，各站所测两次高差的互差应不超过 6 mm，普通水准测量路线高差闭合差应不超过 $40\sqrt{L}$（或 $12\sqrt{N}$），其中 L 为水准路线长度的千米数，N 为水准路线测站总数。

二、图根导线测量的内业计算

在进行内业计算之前，应全面检查导线测量的外业记录，有无遗漏或记错，是否符合测量的限差和要求，发现问题应返工重新测量。

应使用科学计算器进行计算，特别是坐标增量计算可以采用计算器中的程序进行计算。计算时，角度值取至秒，高差、高程、改正数、长度、坐标值取至毫米。

三、提交资料

本次实验提交的资料包括导线外业测量记录表、导线内业处理表、控制网成果表、导线加密点观测及成果表。

实验二　微机导线平差计算

一、实验目的

（1）熟悉利用平差软件进行导线的平差计算工作。

（2）掌握平差软件的基本使用方法。

二、仪器设备

每人计算机 1 台。

三、实验任务

每个学生熟悉利用专业平差软件进行相关计算工作，掌握软件的基本使用方法，并完成单一闭合导线、单一附合导线、导线网的平差计算工作。

四、实验要点

（1）掌握软件的使用方法。

（2）掌握数据输入方法和数据检查方法。

五、计算机平差软件使用方法

(1)参考南方平差易使用说明书或者软件帮助文件。

(2)参考清华山维软件使用说明书或者软件帮助文件。

习　题

1. 导线的布设有哪几种形式,各有何特点?

2. 如图 5-11 所示闭合导线,已知:$x_{G01}=8\ 426.052$、$y_{G01}=2\ 873.165$、$\alpha_{G02\to G01}=77°47'46''$,列表计算各图根导线点坐标,已知数据见表 5-2。

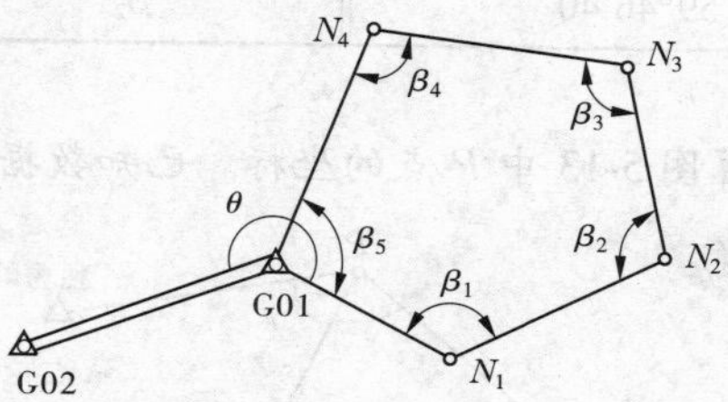

图 5-11

表 5-2　第 2 题已知数据

测站	观测角	水平角 (°　′　″)	距离 (m)
G02			
G01	θ	216　43　39	
N_1	β_1	160　34　36	127.651
N_2	β_2	75　31　12	209.778
N_3	β_3	117　11　33	106.848
N_4	β_4	102　30　42	205.176
G01	β_5	84　10　57	123.684
N_1			

3. 何谓前方交会和侧方交会?试写出前方交会的计算公式。

4. 何谓后方交会?何谓后方交会的危险圆?从数学计算方法上进行说明。

5. 利用前方交会方法计算图 5-12 中 P 点的坐标。已知数据及观测数据见表 5-3、表 5-4。

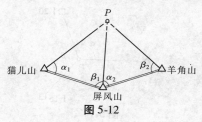

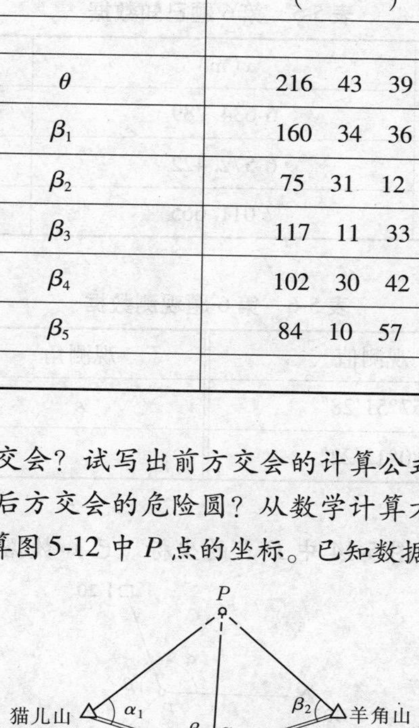

图 5-12

表 5-3　第 5 题已知数据

点名	x(m)	y(m)
屏风山	3 646. 352	1 054. 545
猫儿山	3 873. 960	1 772. 683
羊角山	4 538. 452	1 862. 571

表 5-4　第 5 题观测数据

观测角	观测数据	观测角	观测数据
α_1	64°03′33″	α_2	64°03′28″
β_1	59°46′40″	β_2	59°46′38″

6. 利用侧方交会方法计算图 5-13 中 P 点的坐标。已知数据及观测数据见表 5-5、表 5-6。

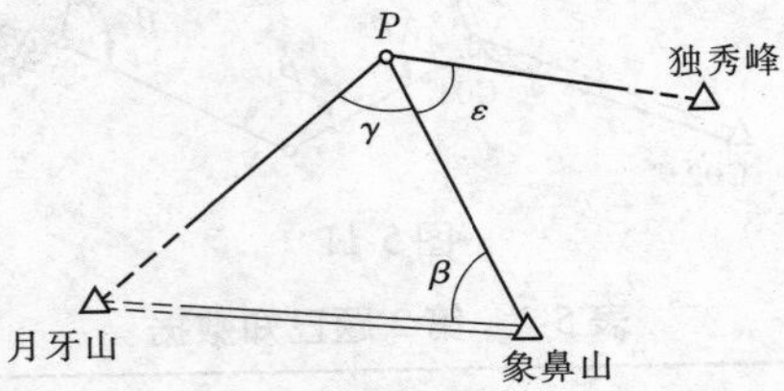

图 5-13

表 5-5　第 6 题已知数据

点名	x(m)	y(m)
月牙山	6 634. 789	4 868. 326
象鼻山	6 572. 422	5 760. 311
独秀峰	7 011. 665	6 126. 761

表 5-6　第 6 题观测数据

观测角	观测值	观测角	观测值
β	57°51′28″	ε	53°31′54″
γ	80°12′22″		

7. 利用后方交会方法计算图 5-14 中 P 点的坐标。已知数据及观测数据见表 5-7、表 5-8。

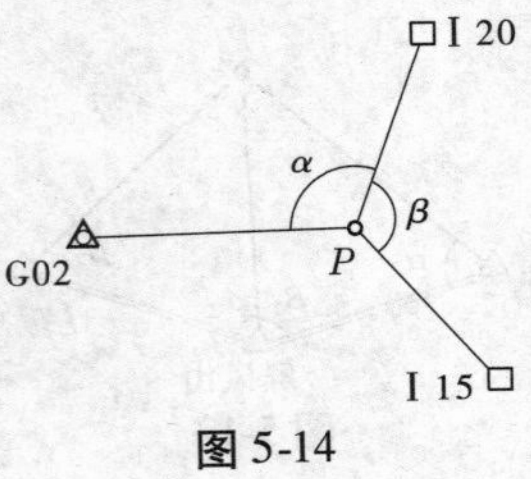

图 5-14

表 5-7　第 7 题已知数据

点名	x(m)	y(m)
G02	6 494.488	4 652.953
Ⅰ15	6 850.021	5 249.804
Ⅰ20	6 229.213	5 374.981

表 5-8　第 7 题观测数据

观测角	观测值	观测角	观测值
α	111°20′49″	β	118°15′26″

8. 利用侧方交会方法计算图 5-15 中 P 点的坐标。已知数据及观测数据见表 5-9 和表 5-10。

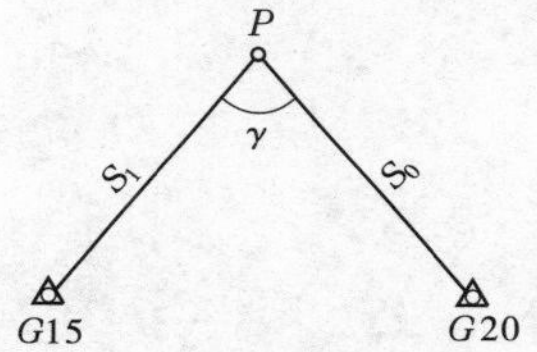

图 5-15

表 5-9　第 8 题已知数据

点名	x(m)	y(m)
G15	6 223.522	4 232.742
G20	6 232.750	4 759.698

表 5-10　观测数据

观测点	观测值	观测点	观测值
S_1	417.224	S_2	410.590

9. 如图 5-16 所示，已知起算数据见表 5-11，试计算 P 点的坐标。

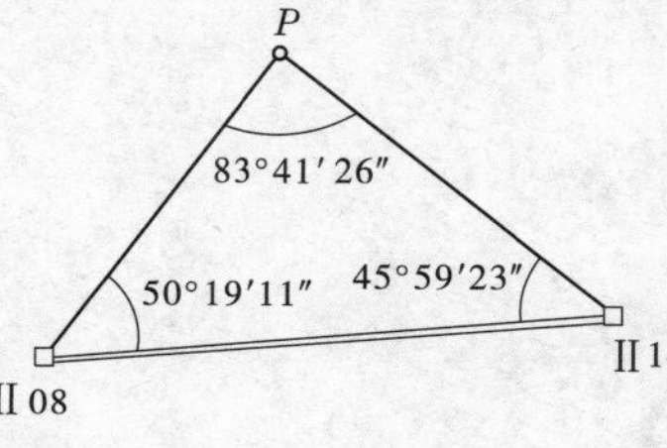

图 5-16

表 5-11　起算数据

点名	x(m)	y(m)
Ⅱ08	276 013. 963	464 822. 890
Ⅱ14	276 085. 784	465 643. 811

第六章　大比例尺地形图测绘

第一节　地形图的比例尺

地物是指地面上天然或人工形成的物体，如湖泊、河流、海洋、房屋、道路、桥梁等；地貌是指地表高低起伏的形态，如山地、丘陵和平原等，地物和地貌总称为地形。地形图是按一定的比例尺，用规定的符号表示的地物、地貌平面位置和高程的正射投影图。

一、地形图的比例尺

（一）定义

比例尺定义——图上直线长度 d 与相应地面水平距离 D 之比。

$$\frac{d}{D}=\frac{1}{M}$$

式中，M 为比例尺分母，M 越大，比例尺越小；反之比例尺越大。

图的比例尺越大，其表示的地物、地貌越详细，图上点位精度越高；但一幅图所代表的实地面积也愈小，并且测绘的工作量会成倍增加。

（二）比例尺的形式

1. 数字比例尺

一般将数字比例尺化为分子为1、分母为一个比较大的整数 M 来表示。M 越大，比例尺的值就越小；M 越小，比例尺的值就越大，如数字比例尺1∶500＞1∶1 000。

比例尺为1∶500、1∶1 000、1∶2 000、1∶5 000的地形图为大比例尺地形图；

比例尺为1∶1万、1∶2.5万、1∶5万、1∶10万的地形图为中比例尺地形图；

比例尺为1∶20万、1∶50万、1∶100万的地形图为小比例尺地形图。

我国规定1∶500、1∶1 000、1∶2 000、1∶1万、1∶2.5万、1∶5万、1∶10万、1∶25万、1∶50万、1∶100万10种比例尺地形图为国家基本比例尺地形图。中比例尺地形图是国家的基本地图，由国家专业测绘部门负责测绘，目前均用航空摄影测量方法成图，小比例尺地形图一般由中比例尺地形图缩小编绘而成。城市和工程建设一般需要大比例尺地形图，其中比例尺为1∶500和1∶1 000的地形图一般用平板仪、经纬仪或全站仪等测绘。

比例尺为1∶2 000和1∶5 000的地形图一般用由1∶500或1∶1 000的地形图缩小编绘而成。大面积1∶500～1∶5 000的地形图也可以用航空摄影测量方法成图。

2. 图式比例尺

图式比例尺见图6-1。

用图式比例尺的优点为直接比量较方便，图纸变形的影响小。

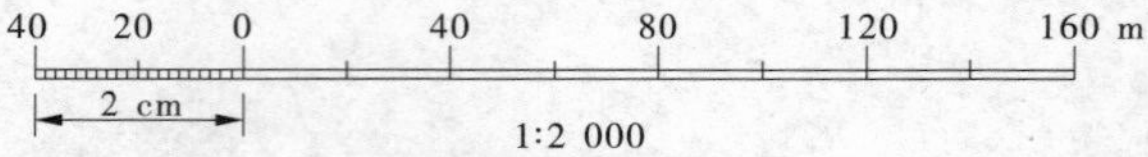

图 6-1　图式比例尺

二、比例尺的精度

地物地貌在图上表示的精确与详尽程度同比例尺有关。比例尺越大,越精确和详细。

人眼的图上分辨率通常为 0.1 mm。不同比例尺图上 0.1 mm 所代表的实地平距,称为地形图比例尺的精度。

比例尺精度的作用:①确定量距精度;②确定测图比例尺。

第二节　大比例尺地形图图式

地形图图式:表示地物和地貌的符号和方法。一个国家的地形图图式是统一的,它属于国家标准。

地形图图式中的符号有三类:地物符号、地貌符号、注记符号。

一、地物符号

地物符号分比例符号、非比例符号和半比例符号。

(一)比例符号

可以按测图比例尺缩小,用规定符号画出的地物符号称为比例符号,如房屋、较宽的道路、稻田、花圃、湖泊等。

(二)非比例符号

有些地物,如三角点、导线点、水准点、独立树、路灯、检修井等,其轮廓较小,无法将其形状和大小按照地形图的比例尺绘到图上,则不考虑其实际大小,而是采用规定的符号表示。这种符号称为非比例符号。

(三)半比例符号

对于一些带状延伸地物,如小路、通信线、管道、垣栅等,其长度可按比例缩绘,而宽度无法按比例表示的符号称为半比例符号。

二、地貌符号

地形图上表示地貌的方法一般是等高线(还有一些特殊地貌符号,如冲沟、梯田、峭壁、悬崖等)。等高线又分为首曲线、计曲线和间曲线;在计曲线上注记等高线的高程;在谷地、鞍部、山头及斜坡方向不易判读的地方和凹地的最高、最低一条等高线上,绘制与等高线垂直的短线,称为示坡线,用以指示斜坡降落方向;当梯田坎比较缓和且范围较大时,可以用等高线表示。

三、注记符号

有些地物除用相应的符号表示外,对于地物的性质、名称等在图上还需要用文字和数字加以注记。

第三节　地貌的表示方法

地貌形态多种多样，对于一个地区可按其起伏的变化分为以下四种地形：地势起伏小，地面倾斜角在3°以下，比高不超过20 m的，称为平坦地；地面高低变化大，倾斜角在3°～10°，比高不超过150 m的，称为丘陵；倾角在10°～25°，高低变化悬殊，比高在150 m以上的，称为山地；绝大多数倾斜角超过25°的，称为高山地。地形图上表示地貌的主要方法是等高线。

一、等高线

（一）等高线的定义

等高线是地面上高程相等的相邻各点所连成的闭合曲线。

如图6-2所示，设想有一座高出水面的小岛，与某一静止的水面相交形成的水涯线为一闭合曲线，曲线的形状随小岛与水面相交的位置而定，曲线上各点的高程相等。

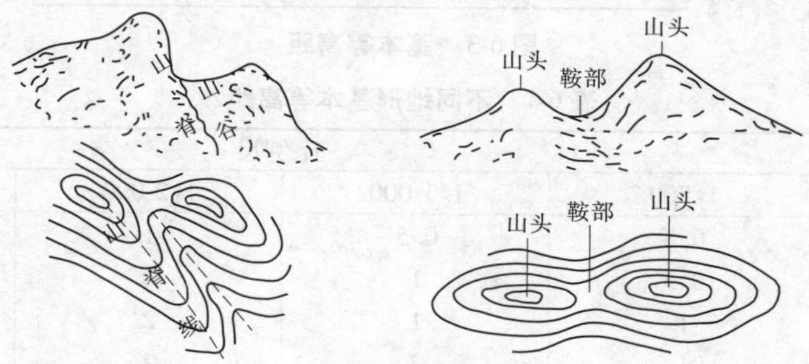

图6-2　等高线

将这些水涯线垂直投影到水平面上，并按一定的比例尺缩绘在图纸上，这就将小岛用等高线表示在地形图上了。这些等高线的形状和高程，客观地显示了小岛的空间形态。

（二）等高距与等高线平距

地形图上相邻等高线间的高差，称为等高距（见图6-3），此图中为10 m。同一幅地形图的等高距是相同的，因此地形图的等高距也称为基本等高距。大比例尺地形图常用的基本等高距为0.5 m、1 m、2 m、5 m等。等高距越小，用等高线表示的地貌细部就越详尽；等高距越大，地貌细部表示的越粗略。但是，当等高距过小时，图上的等高线过于密集，将会影响图面的清晰度。测绘地形图时，要根据测图比例尺、测区地面的坡度情况和按国家规范要求选择合适的基本等高距（见表6-1）。

相邻等高线之间的水平距离称等高平距，用 d 表示。在同一幅地形图上，等高线平距越小表示坡度越大，反之坡度越小。因此，可根据图上等高线的疏密程度来判断坡度的陡缓。

（三）等高线的分类

等高线分为首曲线、计曲线和间曲线。

（1）首曲线：按基本等高距测绘的等高线，用0.15 mm宽的细实线绘制。

（2）计曲线：从零米起算，每隔四条首曲线加粗一条等高线，该等高线称为计曲线。计曲线的高程值总为等高距的5倍。计曲线用0.3 mm宽的粗实线绘制（计曲线主要是为读取高程时方便一些）。

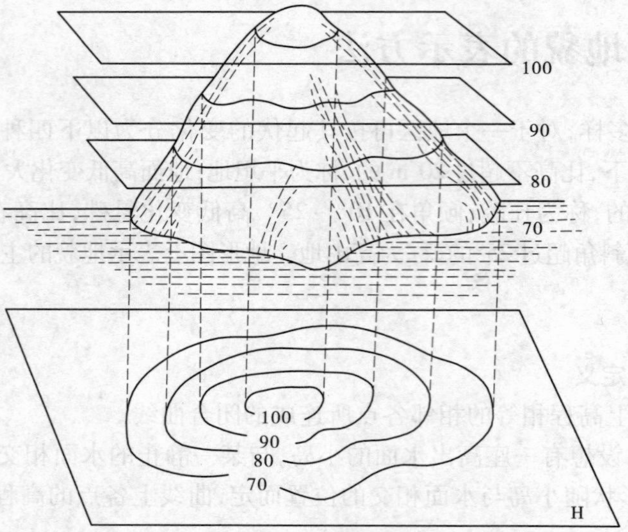

图 6-3　基本等高距

表 6-1　不同地形基本等高距

地形类别	比例尺			
	1:500	1:1 000	1:2 000	1:5 000
平坦地	0.5	0.5	1	2
丘陵	0.5	1	2	5
山地	1	1	2	5
高山地	1	2	2	5

(3)间曲线:对于坡度很小的局部区域。当用基本等高线不足以反映地貌特征时,可按1/2基本等高距加绘一条等高线,该等高线称为间曲线。间曲线用0.15 mm宽的长虚线绘制,可以不闭合。

在某些等高线上可以绘一条短线(示坡线)表示斜坡下降的方向。

(四)等高线的特性

(1)等高性:同一条等高线上各点的高程相等。

(2)闭合性:等高线是闭合曲线,不能中断(间曲线除外),如果不在同一幅图内闭合,则必定在相邻的其他图幅内闭合。

(3)非交性:等高线只有在陡崖或悬崖处才会重合或相交。

(4)正交性:等高线与山脊线和山谷线正交(在交点处,山脊线和山谷线与等高线的切线垂直相交)。

(5)疏缓密陡性:在同一幅地形图上,等高线间隔应是相同的。因此,等高线平距大(等高线疏),表示地面坡度小(地形平坦);等高线平距小(等高线密),表示地面坡度大(地形陡峻)。

二、典型地貌的等高线

地球表面高低起伏的形态千变万化,但经过仔细研究分析就会发现它们都是由几种典型的地貌综合而成的。了解和熟悉典型地貌的等高线，有助于正确地识读、应用和测绘地形图。典型地貌主要有山头和洼地、山脊和山谷、鞍部、陡崖和悬崖等，如图6-4所示。

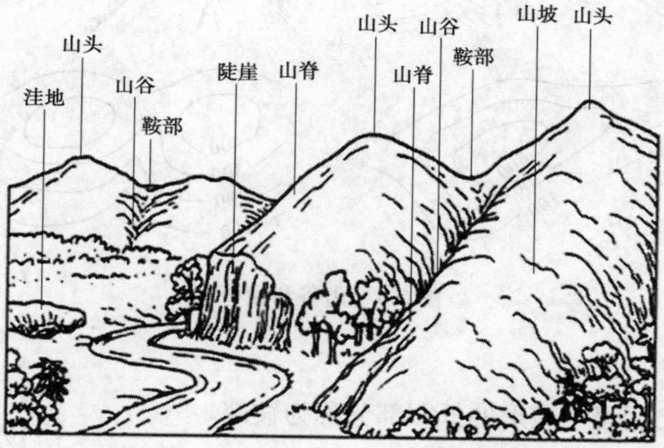

图6-4 典型地貌

(一)山头和洼地

图6-5(a)、(b)分别表示山头和洼地的等高线，它们都是一组闭合曲线，其区别在于：山头的等高线由外圈向内圈高程逐渐增加，洼地的等高线由外圈向内圈高程逐渐减小，这样就可以根据高程注记区分山头和洼地。也可以用示坡线来指示斜坡向下的方向。在山头、洼地的等高线上绘出示坡线，有助于地貌的识别。

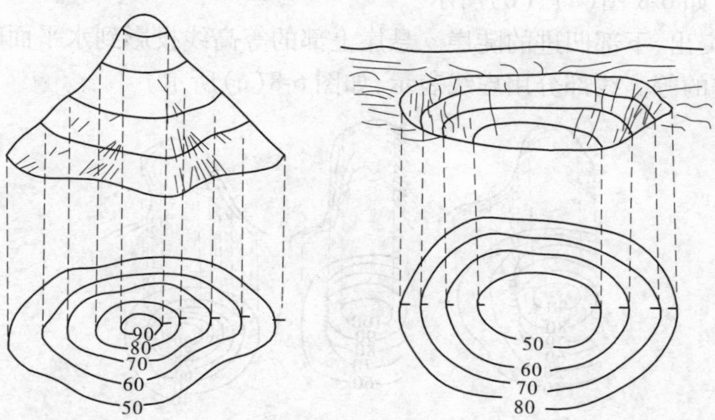

图6-5 山头和洼地

(二)山脊和山谷

山坡的坡度和走向发生改变时，在转折处就会出现山脊或山谷地貌，见图6-6。

山脊的等高线均向下坡方向凸出，两侧基本对称。山脊线是山体延伸的最高棱线，也称分水线。

山谷的等高线均凸向高处，两侧也基本对称。山谷线是谷底点的连线，也称集水线。

在土木工程规划及设计中，要考虑地面的水流方向、分水线、集水线等问题，因此山脊线和山谷线在地形图测绘及应用中具有重要的作用。

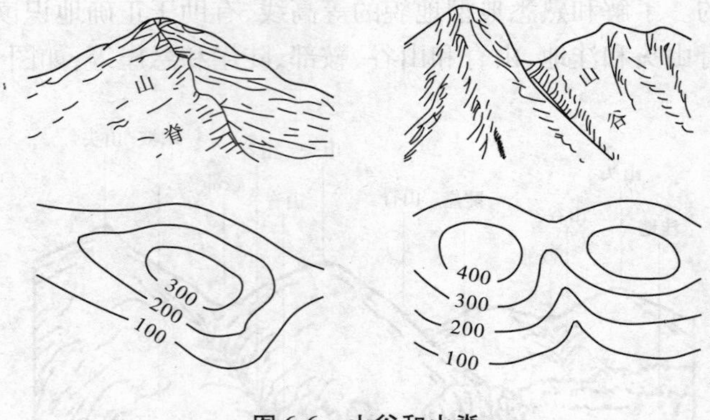

图 6-6　山谷和山脊

(三) 鞍部

相邻两个山头之间呈马鞍形的低凹部分称为鞍部。

鞍部是山区道路选线的重要位置。

鞍部左右两侧的等高线是近似对称的两组山脊线和两组山谷线，见图 6-7。

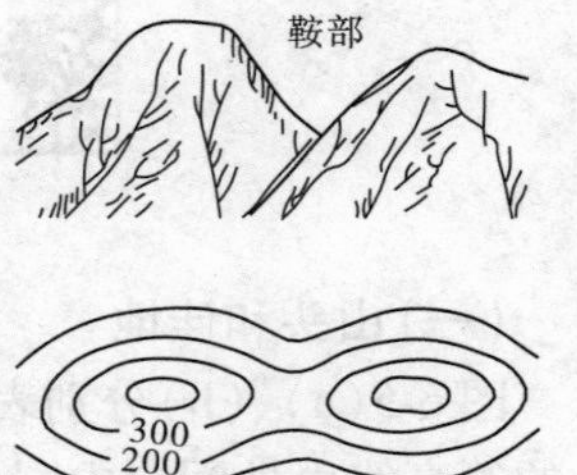

图 6-7　鞍部

(四) 陡崖和悬崖

陡崖是坡度在 70° 以上的陡峭崖壁，有石质和土质之分。如果用等高线表示，将是非常密集或重合为一条线，因此采用陡崖符号来表示，如 6-8 图(a)、(b)所示。

悬崖是上部突出、下部凹进的陡崖。悬崖上部的等高线投影到水平面时，与下部的等高线相交，下部凹进的等高线部分用虚线表示，如图 6-8(c)所示。

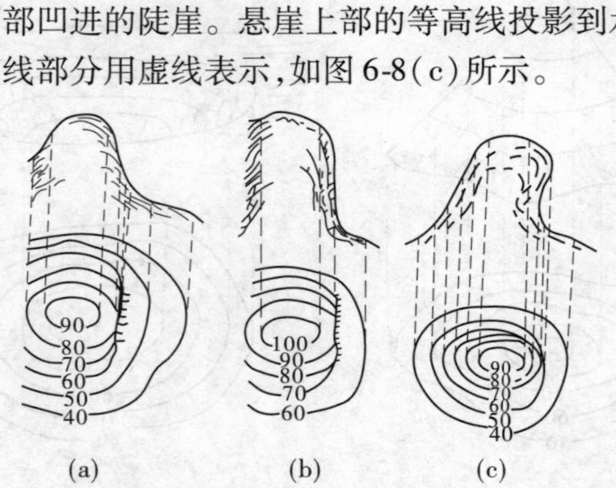

图 6-8　陡崖和悬崖

三、等高线的绘制

经过地形测量之后，我们得到了一些地形特征点：如山顶、山脚、鞍部及一些地形的变换点。根据这些地形特征点，我们可以勾画出等高线，具体步骤如下：

(1) 首先用铅笔勾画出山脊线、山谷线等地性线。山脊线可以用实线、山谷线可以用虚线表示。

(2) 在相邻两个碎部点的连线上，按照平距和高差成比例的关系，目估内插出两点间各条等高线通过的位置。

(3)将高程相等的相邻点连接成光滑曲线,即为等高线。

注意:

(1)应对照实地情况现场勾绘,这样绘制出的等高线才会更真实地接近实际地形,并且应该一边求等高线通过点,一边勾绘等高线,不要等到把全部等高线通过点都求出后再勾绘等高线。

(2)等高线为光滑曲线。

(3)注意加粗计曲线。

(4)朝高程高的方向。

(5)等高线在注记处应断开。

第四节 地形图的分幅与编号

由于图纸的尺寸有限,不可能将测区内的所有地形都绘制在一幅图内,因此需要分幅测绘地形图。地形图的分幅可以分为两大类:一类是按经纬线分幅的梯形分幅法,适用于世界各国地形图、小比例尺地图;另一类是按坐标格网划分的矩形分幅法。

地图的编号方法有:

(1)自然序数编号法。

(2)行列式编号法:将区域分为行和列,分别用字母或数字表示行号和列号,一个行号和一个列号标定一个唯一的图幅。

(3)行列-自然序数编号法。

我国基本地形图的分幅和编号如下:

一、1∶100 万比例尺地形图的分幅与编号

1∶100 万比例尺地图是我国基本比例尺地形图的分幅和编号的基础。

1∶100 万比例尺地形图采用国际统一的行列式编号。

横列:纬度每 4°为一列,至南北纬 88°各有 22 列,用字母 A,B,C,…,V 表示。

纵行:从 180°经线起算,自西向东每 6°为一行,全球分为 60 行,用阿拉伯数字 1,2,3,…,60 表示。

如图 6-9 所示,北京在 1∶100 万比例尺地形图图幅中位于东经 114°~120°、北纬 36°~40°,编号为 J-50。

1∶5千~1∶50 万比例尺地形图编号以 1∶100 万比例尺地形图为基础,采用阶梯编码形式编码。

为适应计算机管理和检索,1992 年国家标准局发布了《国家基本比例尺地形图分幅和编号》(GB/T 13989—92)国家标准。2012 年又发布了新的《国家基本比例尺地形图分幅和编号》(GB/T 13989—2012)。

新标准仍以 1∶100 万比例尺地形图为基础,采用国际 1∶100 万比例尺地形图分幅和编号标准,1∶100 万比例尺地形图编号由列行式改为行列式,如北京所在的 1∶100 万比例尺地形图的图号为 J50。

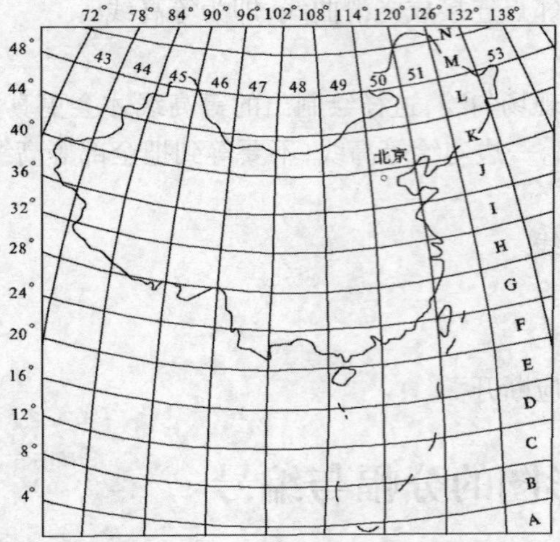

图 6-9　1∶100 万地形图图幅分幅

标准的范围由原来的 1∶100 万 ~1∶5万比例尺地形图扩展到了 1∶100 万 ~1∶500 比例尺地形图。在“地形图的分幅”中增加了 1∶2 000、1∶1 000、1∶500 地形图的分幅，在“地形图的图幅编号”中增加了 1∶2 000、1∶1 000、1∶500 地形图的图幅编号。

二、1∶50 万 ~1∶500 比例尺地图的分幅

1∶50 万 ~1∶500 比例尺地形图以 1∶100 万比例尺地形图为基础，按规定的经差和纬差划分图幅，各比例尺分幅的经差和纬差如表 6-2 所示。

1∶2 000 ~1∶500 比例尺地形图亦可根据需要采用 50 cm ×50 cm 正方形分幅和 40 cm ×50 cm 矩形分幅。

表 6-2　各比例尺分幅的经差与纬差

比例尺	1∶500	1∶1 000	1∶2 000	1∶5 000	1∶1万	1∶2.5 万	1∶5万	1∶10 万	1∶25 万	1∶50 万
经差	9.375″	18.75″	37.5″	1′52.5″	3′45″	7′30″	15′	30′	1°30′	3°
纬差	6.25″	12.5″	25″	1′15″	2′30″	5′	10′	20′	1°	2°

三、1∶50 万 ~1∶5 000 比例尺地图的编号

1∶50 万 ~1∶5 000 比例尺地形图编号以 1∶100 万比例尺地形图为基础，采用行列编号方法，由其所在 1∶100 万比例尺地形图的图号、比例尺代码（见表 6-3）和图幅的行列号共十位码组成（见图 6-10）。

表 6-3　比例尺代码

比例尺	1∶50 万	1∶25 万	1∶10 万	1∶5万	1∶2.5 万	1∶1万	1∶5 000	1∶2 000	1∶1 000	1∶500
代码	B	C	D	E	F	G	H	I	J	K

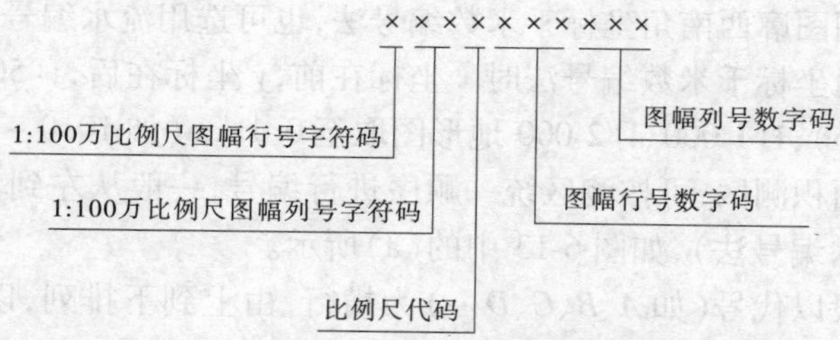

图 6-10　1∶50 万～1∶5 000 比例尺地形图图号的构成

四、1∶500、1∶1 000、1∶2 000 按规定经差和纬差分幅的编号

(1)1∶2 000 的地形图经、纬度分幅的图幅编号方法宜与 1∶50 万～1∶5 000 地形图的图幅编号方法相同。1∶2 000 地形图亦可以根据需要以 1∶5 000 地形图编号分别加以短线，再加 1、2、3、4、5、6、7、8、9 表示，其编号见图 6-11，图中灰色区域所示图幅编号为 H49H192097－5。

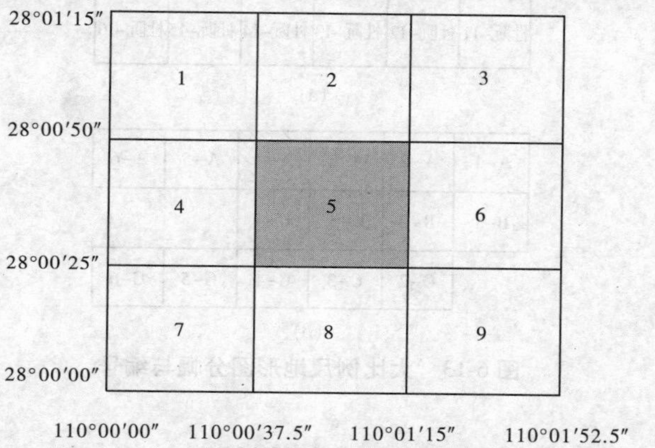

图 6-11　1∶2 000 地形图的经、纬度分幅顺序编号

(2)1∶500、1∶1 000 比例尺地形图经、纬度分幅的图幅编号均以 1∶100 万比例尺的地形图编号为基础，采用行列编号方法。其图幅编号由其所在 1∶100 万比例尺地形图的图号、比例尺代码(见表 6-3)和图幅的行列号共十二位码组成(见图 6-12)。

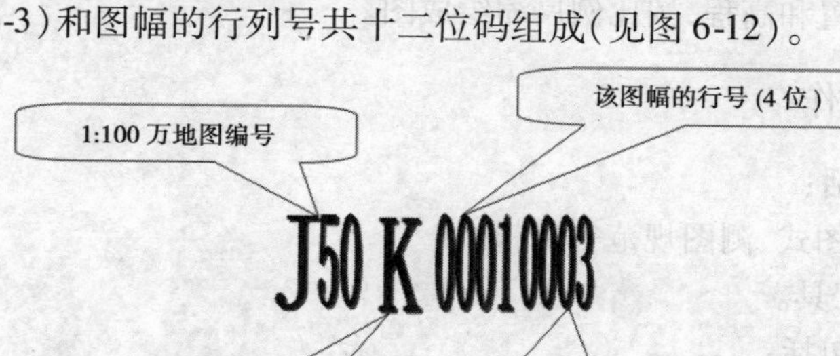

图 6-12　1∶1 000、1∶500 比例尺地形图编号范例

1∶500～1∶2 000 采用正方形分幅和矩形分幅的编号的方法：

《1∶500 1∶1 000 1∶2 000 地形图图式》规定：1∶500～1∶2 000 比例尺地形图一般采用 50 cm×50 cm 正方形分幅或 40 cm×50 cm 矩形分幅；根据需要，也可以采用其他规格的分幅；

地形图编号一般采用图廓西南角坐标千米数编号法,也可选用流水编号法或行列编号法等。

采用图廓西南角坐标千米数编号法时 x 坐标在前,y 坐标在后,1∶500 地形图取至 0.01 km(如 10.40 - 21.75),1∶1 000、1∶2 000 地形图取至 0.1 km(如 10.0 - 21.0)。

带状测区或小面积测区,可按测区统一顺序进行编号,一般从左到右,从上到下用数字 1、2、3、4…编定(流水编号法),如图 6-13 中的(a)所示。

行列编号法一般以代号(如 *A*、*B*、*C*、*D*…)为横行,由上到下排列,以数字 1、2、3…为代号的纵列,从左到右排列来编定,先行后列,如图 6-13 中的 A - 4。

(采用国家统一坐标系时,图廓间的千米数根据需要加注带号和百千米数,如 *X*:4327.8,*Y*:37457.0。)

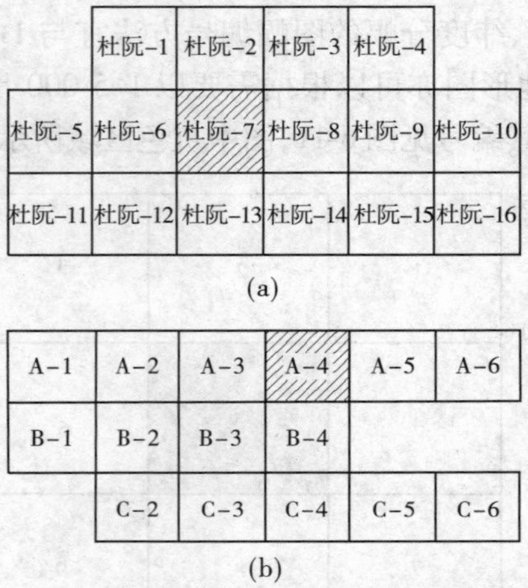

图 6-13　大比例尺地形图分幅与编号

第五节　大比例尺地形图的测绘

控制测量结束后,在图根控制点上安置经纬仪(设立测站),测定其周围地物、地貌特征点(碎部点)的平面位置和高程,按比例尺缩绘成图。

一、绘图准备工作

一般准备工作包括:

(1)控制点成果、图式、测图规范等资料。

(2)测图仪器和工具。

图纸的准备工作包括:

(1)测图纸(绘图纸、聚酯薄膜)。

(2)绘制坐标方格网。

(3)展绘控制点。

(一)绘制方格网

方格网的大小:40 cm×50 cm 或 50 cm×50 cm。

方格的大小:10 cm×10 cm。

以 30 cm×30 cm 的方格为例，比例尺为 1∶500，即测区范围为 150 m×150 m。

1. 准备工作

(1)聚酯薄膜。直接着墨、直接晒蓝、可以洗；怕火、怕折。使用时粗糙的一面是正面，先用白纸贴在图板上再贴薄膜。

(2)检验直尺。用尺子(坐标格网尺)两边画直线，要求这两条直线重合。

2. 打方格

打方格的目的是能在图上确定点的坐标或根据坐标能在图上展点。

画两条相交接近互垂的直线(轻轻画)，以交点为圆心、以某个给定的半径画圆，可得到四个交点。由方格网大小可以求出半径为 15×1.414=212.1(mm)，为方便后面的绘制工作，半径放宽为 240 mm。然后连接 4 个交点可得到一矩形。以西南角开始从左至右，从下往上以 10 cm 为间隔取点。连接起来就得到 30 cm×30 cm 的矩形。再标上格网标志(1 cm 长，十字形)。

设西南角坐标：$x=700$ m，$y=700$ m，以千米为单位进行标注，x 在前，y 在后，1∶500 比例尺地形图取至 0.01 km，即西南角坐标标为(0.70，0.70)，然后给每个格网标志线标上坐标。

3. 检查对角线

每个小方格对角线长度为 141.4 mm，共 9 个方格，18 条对角线。要随机抽取 2/3 的对角线检查。量取对角线的长度与理论长度之差应满足 ε 不超过 ±0.2 mm，对于长对角线，要求 ε 不超过 ±0.3 mm，每个方格边长理论值为 100 mm，与量测值之差应满足：若不合格则擦掉重画；若合格则擦除多余的边长。

(二)展绘控制点

用绘图铅笔或绘图仪将图根点按坐标展绘在绘制好坐标格网的白图纸或聚酯薄膜上。控制点展绘完成后，应用两点坐标反算所得边长，对展点点位进行检核。

二、碎部采集

(一)经纬仪测图

地物的测绘：测定地物特征点，在图上按规定地物符号，连接相关碎部点。

地貌的测绘：测定地貌特征点，边测边勾绘地性线；根据地形点，按等高线与高差成正比的原则，内插等高线。

利用经纬仪进行碎部采集工作的基本方法主要有极坐标法、方向交会法、距离交会法、方向距离交会法、直角坐标法等。

1. 极坐标法

一个测站点的测绘工作包括配置、施测。

1)配置

(1)工具。经纬仪、图板、塔尺、钢尺、量角器、直尺、计算器、铅笔、橡皮等。

(2)人员。观测员、记录计算员、绘图员各 1 人，立尺员 2 人。

2)施测

(1)安仪。如图 6-14 所示，在控制点 A 安置经纬仪，量取仪器高。

(2)定向。瞄准(盘左)后视控制点 B，度盘置零。

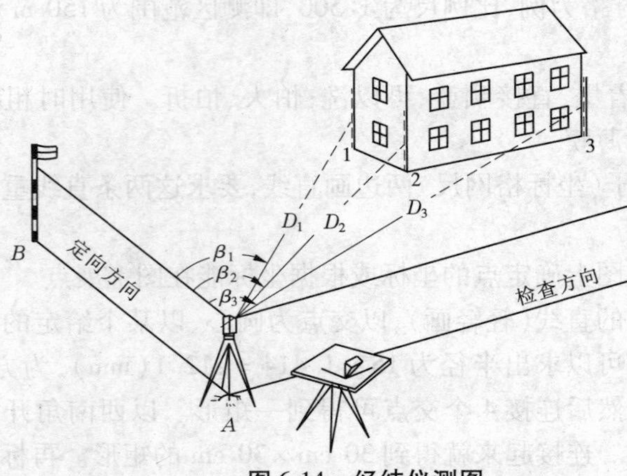

图 6-14　经纬仪测图

(3)立尺。立尺员把水准尺立到地形、地貌特征点上。

(4)观测。瞄准点 1 的水准尺,分别读取上、下、中丝读数,竖盘读数 L,水平角 β。

(5)记录、计算。记录上述观测值,按视距测量公式计算出点 1 的水平距离 D 和高程 H,见表 6-4。

表 6-4　经纬仪测量手簿

日期:2006.3.22　(零方向)后视点:B　测站高程 $H_A=243.76$ m　指标差 $x=0°00'$

测站:A　仪器高 $I=1.45$ m　观测者:××　记录者:××

观测站	尺上读数(m)			尺间隔 l(m)	竖盘读数 (° ′)	竖直角 δ (° ′)	水平角 β (° ′)	水平距离 (m)	高程 H (m)	备注
	中丝	下丝	上丝							
1	1.45	1.640	1.260	0.380	93　28	−3　28	175　30	37.9	241.47	山脚
2	1.50	1.637	1.262	0.375	93　00	−3　00	278　45	37.4	241.80	山脚
3	1.45	1.720	1.179	0.541	87　26	+2　34	236　20	51.3	246.06	山脚
4	2.45	2.964	1.936	1.028	91　45	−1　45	297　15	102.7	239.62	路
⋮	⋮	⋮	⋮	⋮	⋮	⋮	⋮	⋮	⋮	⋮

2. 方向交会法

在实际测量中,当有部分碎部点无法进行量距,但较为方便测角时,可以采用方向交会法。如图 6-15 所示,A、B 为控制点,a 为待采集碎部点,由于碎部点和控制点间有河流穿过无法量距,这时可在 A、B 两控制点量测控制边至碎部点 a 的角度,利用方向交会法确定 a 的坐标。

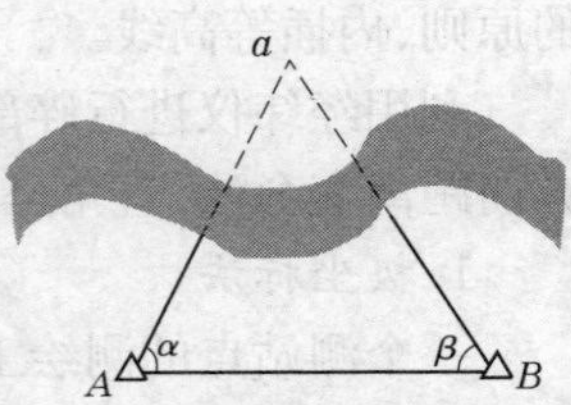

图 6-15　方向交会

3. 距离交会法

当碎部点测量中不方便进行角度测量或当地面较平坦,地物靠近已知点时,可以量取碎部点至控制点的距离,通过距离交会法来确定碎部点的坐标(见图 6-16)。

4. 方向距离交会法

当实地可测定控制点至碎部点的方向,但不便于由控制点量距时,可以先画一方向线,

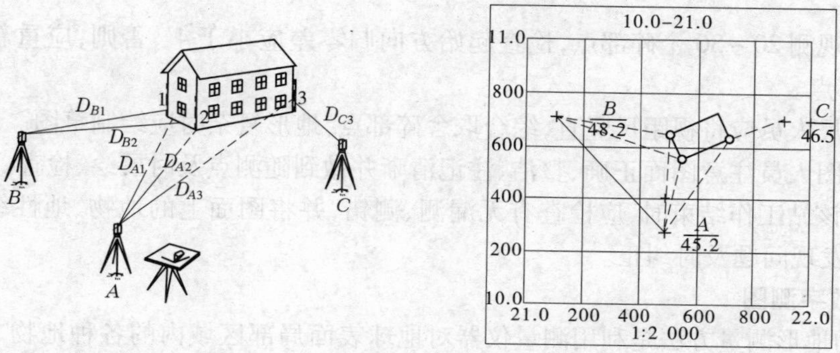

图 6-16　距离交会

由邻近已测定地物量距交会定点。

如图 6-17 所示，控制点 A 可以观测到碎部点 1、2 的方向，且不便于量距，控制点 B 至碎部点 1、2 既无法测角也无法量距。但在碎部点 1、2 附近有已可以精确测定的地物，这时可以利用控制点 A、B 来测定碎部点 1、2 的方向，由已测地物点 a 测定其距离，利用方向距离交会来确定 1、2 点的坐标。

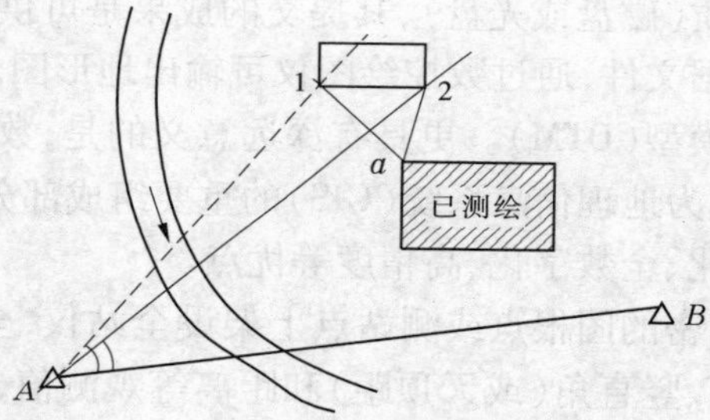

图 6-17　方向距离交会

5. 直角坐标法

在进行地物采集时，有一些地物是具有其几何特性的，如图 6-18 所示房屋的四个角点均为直角，在测定这样的地物时，可以利用极坐标法测定房屋的两个角点，然后量测房屋的边长。利用直角坐标法确定房屋的其他两个角点。这种方法适用于有一定几何规律的地物，地貌点的采集不适用。

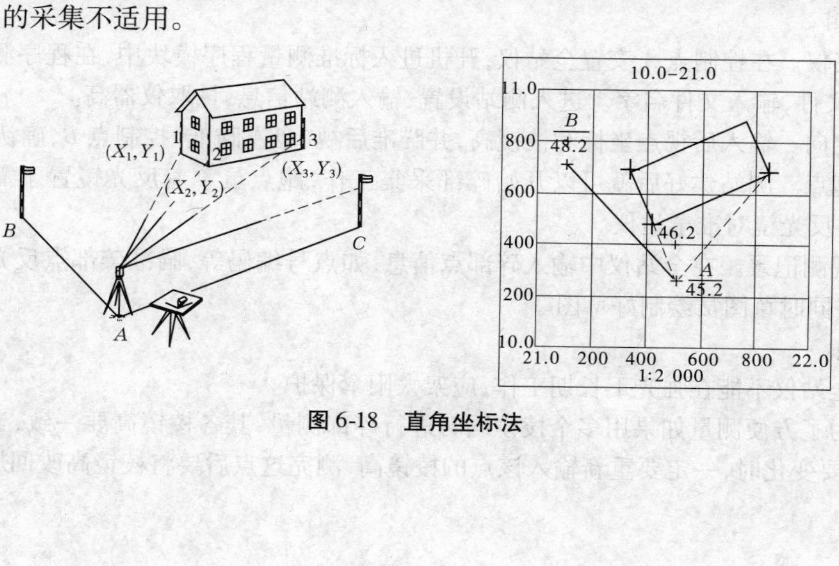

图 6-18　直角坐标法

注意:

(1)每观测 20~30 个碎部点,检查起始方向归零差应小于 4′,否则,应重新定向,并检查已测碎部点。

(2)立尺人员应将视距尺竖直,综合取舍碎部点,地形复杂时应绘制草图。

(3)绘图人员注意图面正确、整洁、注记清晰并做到随测点及时展绘、检查。

(4)当该站工作结束时,应检查有无漏测、测错,并将图面上的地物、地性线、等高线与实地对照,发现问题及时纠正。

(二)数字测图

传统的地形测量方法是利用测量仪器对地球表面局部区域内的各种地物、地貌特征点的空间位置进行测定,以一定的比例尺并按图示符号将其绘制在图纸上,即通常所称的白纸测图。

此方法中,由于刺点、绘图、图纸伸缩变形等因素的影响,数字的精度会大大降低,而且工序多、劳动强度大、质量管理难。纸质地形图已难承载诸多图形信息,更新也极不方便。

数字测图,全解析机助测图方法,是地形测量发展过程中的一次根本性技术变革。主要表现在:图解法测图的最终成果是地形图,图纸是地形信息的唯一载体;数字测图地形信息的载体是计算机的存储介质(磁盘或光盘),其提交的成果是可供计算机处理、远距离传输、多方共享的数字地形图数据文件,通过数控绘图仪可输出地形图。另外,利用数字地形图可生成电子地图和数字地面模型(DTM)。更具有深远意义的是,数字地形信息作为地理空间数据的基本信息之一,已成为地理信息系统(GIS)的重要组成部分。

数字测图具有高自动化、全数字化、高精度等优点。

数字测图在控制点、加密的图根点或测站点上架设全站仪,全站仪经定向后,观测碎部点上放置的棱镜,得到方向、竖直角(或天顶距)和距离等观测值,记录在电子手簿或全站仪内存中;或者是由记录器程序计算碎部点的坐标和高程,记入电子手簿或全站仪内存。

一个测站点的测绘工作包括配置和施测。

1. 配置

(1)工具。全站仪、图板、反光镜。

(2)人员。观测员、跑点员、草图员各 1 人。

2. 施测

(1)安仪。在控制点 *A* 安置全站仪,开机进入标准测量程序模块中,在程序测量模块中创建新的文件,输入文件名字。进入测站设置,输入测站信息,量取仪器高。

(2)定向。输入后视点坐标和棱镜高,并瞄准后视(盘左瞄准)控制点 *B*,确认。

(3)跑点。测站建好后就可以开始碎部采集工作,跑点员拿着反光镜置于需要采集的碎部点上,反光镜对准全站仪。

(4)观测记录。在全站仪中输入碎部点信息,如点号编码等,瞄准碎部点反光镜确认测量并记录,同时草图员绘制好草图。

注意:

(1)全站仪不能在强光下长期工作,应架太阳伞保护。

(2)为了方便测量如果用多个棱镜同时进行碎部测量,其各棱镜高要一致,当某一测点的棱镜需要变化时,一定要重新输入该点的棱镜高,测完这点后要将棱镜高改回原值。

(3)跑点人要及时和草图员沟通,校对仪器记录的点号是否和草图一致。

(4)每建一站时一定弄清测站和后视的点号坐标,一旦出错,该站碎部点将全部报废。所以,建好站后要先测一个已知点(如后视点)进行坐标比对,若误差不大再继续进行碎部采集。

第六节 实验操作

实验一 绘制方格网、展点

一、实习目的

(1)熟悉经纬仪配合展点尺测图的基本原理和作业方法。

(2)熟悉地物平面图的测绘工序。

二、仪器设备

每人图板1块(含脚架)、展点尺1个、三角板1块,小钢尺1把,聚酯薄膜图纸1张,计算器1个。每人自备橡皮、小刀、3H或4H铅笔1支,2H铅笔1支。

三、实习任务

按1:500比例尺测地形图的要求,每人完成40 cm×50 cm图纸的方格网绘制、展点任务。

四、实习要点及流程

(1)本实习安排1~2个学时进行。

(2)利用第五章实习所获得的控制网成果。

(3)流程:在聚酯薄膜上,使用打磨后的5H铅笔,按对角线法(或坐标格网尺法)绘制20 cm×20 cm(或30 cm×30 cm)坐标方格网,格网边长为10 cm。坐标方格网绘制好后检查以下3项内容:①用直尺检查各格网交点是否在一条直线上,其偏离值应不大于0.2 mm;②用比例尺检查各方格的边长,与理论值(10 cm)相比,误差应不大于0.2 mm;③用比例尺检查各方格对角线长度,与理论值(14.14 cm)相比,误差应不大于0.3 mm。如果超限,应重新绘制。坐标方格网绘制好后,擦去多余的线条,在方格网的四角及方格网边缘的方格顶点上根据图纸的分幅位置及图纸的比例尺,注明坐标,单位取至0.1 km。

在展绘图根控制点时,应首先根据控制点的坐标确定控制点所在的方格,然后用卡规再根据测图比例尺,在比例尺(复式比例尺或三棱尺)上分别量取该方格西南角点到控制点的纵、横向坐标增量;再分别以方格的西南角点及东南角点为起点,以量取的纵向坐标增量为半径,在方格的东西两条边线上截点,以方格的西南角点及西北角点为起点,以量取的横向坐标增量为半径,在方格的南北两条边线上截点,并在对应的截点间连线,两条连线的交点即为所展控制点的位置。控制点展绘完毕后,应进行检查,用比例尺量出相邻控制点之间的距离,与所测量的实地距离相比较,差值应不大于0.3 mm,如果超限,应重新展点。

实验二 经纬仪配合量角器大比例尺地形图测绘

一、实习目的

(1)熟悉经纬仪配合分度规测图的基本原理和作业方法。

(2)熟悉地物平面图的测绘工序。

二、仪器设备

每组 DJ_6 级经纬仪 1 台(含脚架)、塔尺 1 把、图板 1 块(含脚架)、量角器 1 个、三角板 1 块,小钢尺 1 把。实验一所完成的图纸(绘有方格网和控制点),小针 2 ~ 3 枚,橡皮、小刀、3H 或 4H 铅笔 1 支,2H 铅笔 1 支。

三、实验任务

按 1∶500 测地形图的要求,每组每人完成至少 10 个碎部点的观测、绘图任务。

四、实验要点及流程

(一)要点

后视方向要找一个距离相对远的点作为定向(原则是测量时的距离不应大于定向边的距离)。定向完毕后要进行相应检核。

(二)作业流程(方法一)

1. 仪器操作

(1)依据测区已有控制点坐标,每组选择在其中一个已知控制点(如 43 号点)上安置仪器,并选择另一个控制点(如 37 号点)作为定向方向,并将两控制点和附件的部分控制点展绘到图纸上面,同时检查展绘后量取临近控制点相互之间的图纸上面的长度,应该与控制点坐标反算的理论长度在图纸上面不超过 0. 2 mm。

(2)在 43 号点对中、整平仪器后,量取仪器高,后视 37 号点,配置水平度盘为 0°00′00″。

(3)选定另外一个离测站较近的控制点作为检查点,测量两控制点之间的视距、竖直角、中丝读数,计算出测站点至检查点之间的水平距离和高程,并与测站点至检查点按照已知坐标反算的距离进行比较,要求在图纸上不超过 0. 3 mm;计算所得高程与检查点已知高程之差不超过 1/5 等高距。

(4)各项检查满足要求后开始测绘工作。

2. 绘图工作

(1)绘图人员应该在测量工作开展之前,做好控制点的展点工作和一些准备工作。记录人员应编好计算器程序。

(2)先在图纸上用尺子绘制一条长 1 ~2 cm 测站点至定向点的方向线,如图 6-19(a)所示,画线位置应根据量角器半径大小以方便量角器读数为准(图中定向方向线虚线不必绘出),并用小针将量角器准确钉在图纸上测站点上面。

(3)定向完毕,用另外一个已知控制点检查时(设为 39 号点),假定水平角读数为

89°08′,转动量角器,使其刻划线注记对准该读数(见图 6-19(b)),则量角器直径边就是待测点在图纸上的方向。

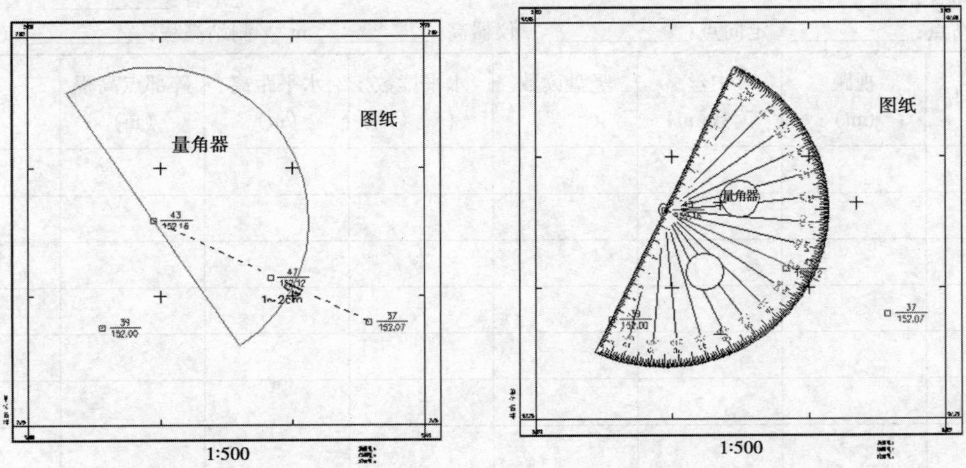

(a)　(b)

图 6-19

(4)根据计算所得的水平距离,检查是否满足相应要求,满足要求后可以开始其他碎部点的测绘工作。

(5)碎部点测量时应按照一定的顺序进行,既要考虑方便测量,同时要顾及绘图的方便。碎部点测量读数顺序为:视距→中丝读数(一般只需要读出 3 位(整 cm 位)即可。读完视距后,当中丝刻划不在整 cm 位时,可以调节望远镜上下微动螺旋,使其对准最近整 cm 刻划,保持仪器不动)→告诉立尺员到下一个点→读水平度盘读数(读数至(′))→读竖盘读数(读数至(′))。碎部点记录表见表 6-5。

(6)绘图员根据测量员水平度盘读数,将量角器旋转准确对应相应的刻划,并依据计算所得水平距离沿量角器直径边将该点按照相应比例准确在图纸上面展绘出来。注意量角器刻划注记为逆时针方向 0°~180°,顺时针方向为 180°~360°。假设此时量角器正对绘图员,水平度盘读数小于 180°,则展点时是沿直径边右方向展点。反之,读数大于 180°时,则展点时是沿直径边左方向展点。

(7)展点完毕,按照一定密度要求,将该点高程进行注记,同时根据碎部点相互关系按照图式进行绘图,尽可能保持测量与绘图同步进行。

(8)本站测量完成后,还应进行相应检查工作,主要是检查定向方向是否发生改变(一般可以再次瞄准定向方向,要求水平度盘读数与最初定向时的读数之差不应超过 4′),以及是否存在遗漏等。确认无问题可以迁站。

(9)如果测站测量时间较长,在测量工作中,也需要按照第(8)项进行必要检查。因此,实际工作中,为了避免重复定向需要派立尺员到定向点检查带来的麻烦,可以在最初定向好以后,选择瞄准远处一个明显的目标(如房子上面的避雷针等),记下水平度盘读数。以后在该测站测量需要定向或者检查时,可以方便进行。

表 6-5　碎部点记录表

日期:______年____月____日　　　　天气:________　　　　仪器型号:________

观测者:________　　　　　　　　　　　　　　　　　　　　记录者:________

测站点:________　定向点:________　仪器高:________m　测站高程:________m

点号	视距（m）	中丝读数（m）	竖盘读数（°　′）	水平读数（°　′）	水平距离（m）	碎部点高程（m）	备注

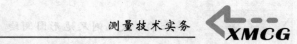

实验三 全站仪大比例尺数字地形图的测绘

一、实习目的

(1)熟悉全站仪测图的基本原理和基本使用方法。
(2)熟悉数字化地形图的测绘工序,熟悉草图的绘制方法。
(3)熟悉在CAD中进行数字化地形图的编制工作。

二、仪器设备

每组全站仪1台套(含脚架)、对中杆棱镜组1根,小钢尺1把,皮尺1把(提前以班为单位统一到学校实习供应科借领)。

三、实习任务

按1:500测地形图的要求,每组完成至少100个碎部点的观测任务。

四、实习要点及流程

测站设置包括测站点上面安置仪器、对中、整平后,输入测站点的坐标、高程、仪器高、对中杆高(对于带内存的全站仪可先建立坐标存储文件名)。

全站仪定向方法一:用坐标定向。

在全站仪中输入定向点坐标,精确瞄准定向点处的反光镜(尽量瞄准中心,以削弱目标偏心的影响),然后进行定向(不同全站仪操作方法有所不同)。定向操作完成后全站仪水平角读数显示的值应该等于该方向的水平角,然后精确瞄准棱镜,直接测定定向点坐标,依据全站仪屏幕显示结果与已知定向点坐标进行比较,满足要求后可以开始作业。

全站仪定向方法二:用方位角定向。

在全站仪中直接输入定向方向的方位角值,并精确瞄准定向点处的反光镜,确认后即可。具体操作方法应根据不同全站仪进行相应操作。

室内将外业采集的坐标数据配合相应传输软件将全站仪保存的坐标传输到电脑,然后用相应数字化成图软件(如南方CASS)在CAD环境下对照外业所绘制的草图或者编码进行绘图。

实验四 等高线的绘制

一、实习目的

(1)熟悉高程内插基本原理。
(2)熟悉典型地貌的等高线。
(3)熟悉等高线绘制的方法。

二、仪器设备

每人小钢尺 1 把,橡皮、小刀、3H 或 4H 铅笔 1 支,2H 铅笔 1 支。

三、实习任务

如图 6-20 所示,设等高距为 1 m,试根据高程点绘出等高线。

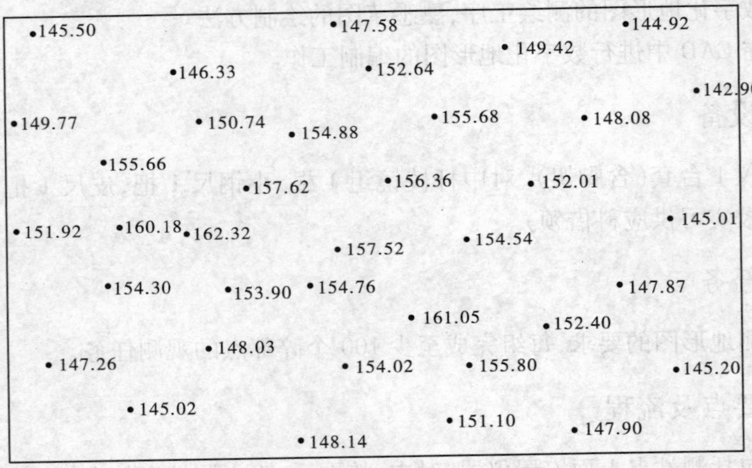

图 6-20

四、实习要点及流程

(1)首先用铅笔勾画出山脊线、山谷线等地性线。山脊线可以用实线、山谷线可以用虚线表示。

(2)在相邻两个碎部点的连线上,按照平距和高差成比例的关系,目估内插出两点间各条等高线通过的位置。

(3)将高程相等的相邻点连接成光滑曲线,即为等高线。

习　题

1. 地形图分幅和编号的意义是什么? 我国基本比例尺地形图分幅的依据和基础是什么? 新旧地形图分幅和编号有哪些种类? 如何划分?

2. 大比例尺地形测图的特点和遵循的原则是什么?

3. 大比例尺地形测图的技术计划内容包括哪些方面? 试写出拟订技术计划的具体方法、步骤及其注意事项。

4. 全站仪数字地形测量比平板测图有何优点?

5. 平板仪测图时测站上有哪些检核工作?

6. 什么是极坐标法? 简述极坐标法测定碎部点的过程。

7. 什么是方向交会法? 简述方向交会法测定碎部点的过程。

8. 以一个测站为例,简述用全站仪进行数字化测图的工作步骤。

9. 地物大致分为哪几类？其在地形图上的表示原则是什么？

10. 地貌的基本形态有哪些？

11. 什么是等高线？什么是等高距？什么是等高线平距？

12. 等高线有哪些分类？其特性是什么？用等高线表示的山头、洼地、山脊、山谷和鞍部有什么特点？

13. 两相邻地貌特征点，高程分别为 152.46 m、175.68 m，等高距为 1 m，试计算它们之间有几根等高线？高程各为多少？共有几条计曲线和首曲线？

第七章　地形图的应用

一、求图上任一点的高程

假设现在要求地形图上一点 K 的高程(见图 7-1),K 在两条等高线之间,K 点高程可通过等高线平距与高差成正比的原则用线性内插法来求得。

$$h_{MK} = \frac{MK}{MN}h_0 \quad (h_0 \text{ 为等高距})$$

首先过 K 点画一条直线与两条等高线交于 M、N 两点,再用尺子量出 MK 和 MN 的长度,然后就可以计算出 K 点到 M 点之间的高差,那么 K 点的高程为

$$H_K = H_M + \frac{MK}{MN}h_0$$

二、求图上任一点 A 的坐标

现在在地形图上有一点 A(见图 7-2),过 A 点作坐标格网的平行线,与坐标格网交于 e、f、g、h,量取 af、ae,根据地形图的比例尺就可以算出 A 点坐标:$x_A = x_a + af \times M$,$y_A = y_a + ae \times M$(M 为比例尺分母)。

为防止图纸伸缩变形的影响,还应量取 fb 和 ed。若图纸变形使 $af + bf \neq 10$ cm;$ae + ed \neq 10$ cm(注:这是对于 10 cm 的坐标格网而言,假若坐标格网采用其他的长度,那么根据实际的长度进行计算,计算方法也是一样的),则 A 点坐标:

$$x_A = x_a + \frac{aj}{af + bf} \times 10\text{ cm} \times M, \quad y_A = y_a + \frac{ae}{ae + ed} \times 10\text{ cm} \times M$$

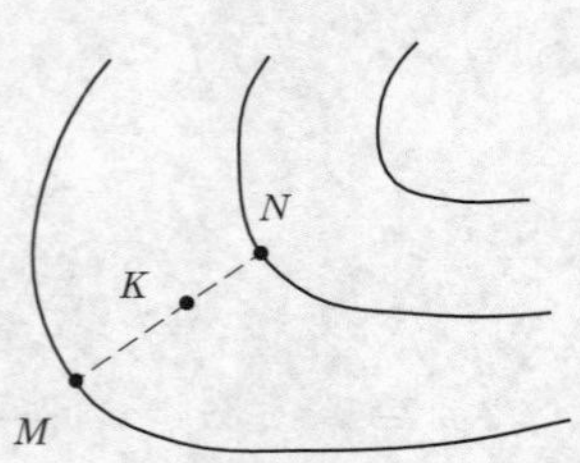

图 7-1　内插点的高程

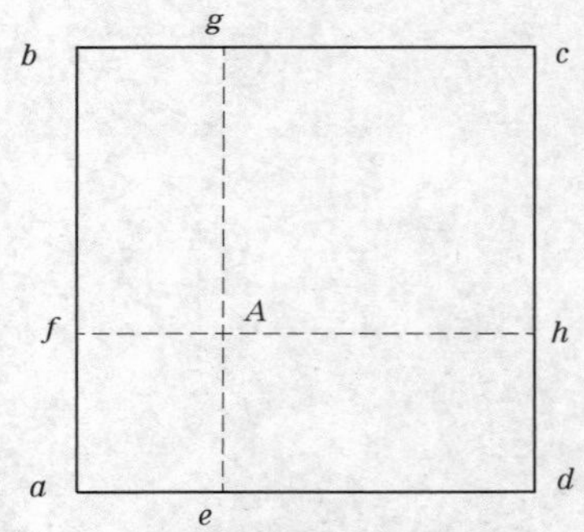

图 7-2　图上取点

三、求图上直线的方向

(一) 图解法

用量角器在图上直接量取。

(二)解析法

若 A、B 不在同一幅图上,或要求精度高一些,可先量出两点的坐标,然后按坐标反算方法,计算方位角 α_{AB}(见图 7-3),即

$$\alpha_{AB} = \arctan \frac{\Delta y}{\Delta x} = \arctan \frac{y_B - y_A}{x_B - x_A}$$

四、求图上两点间的距离

(一)图解法

用直尺量取图上距离乘以 M,或用比例尺直接量取。

(二)解析法

若 A、B 不在同一幅图上,或要求精度高一些,可先量出两点的坐标,然后按坐标反算方法,计算距离 D_{AB}(见图 7-4)。

$$D_{AB} = \sqrt{(x_B - x_A)^2 + (y_B - y_A)^2}$$

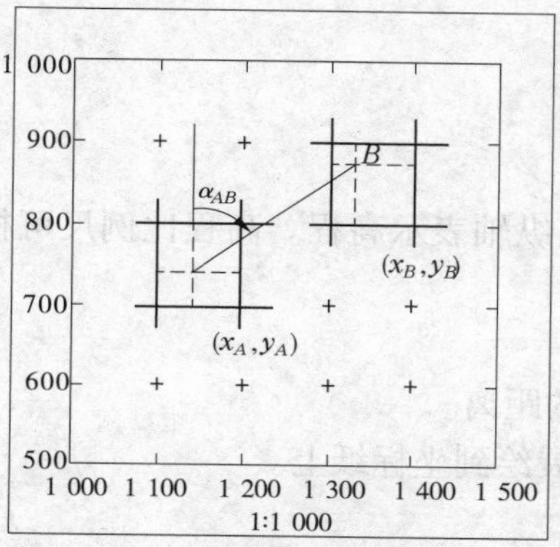

图 7-3　求直线方向

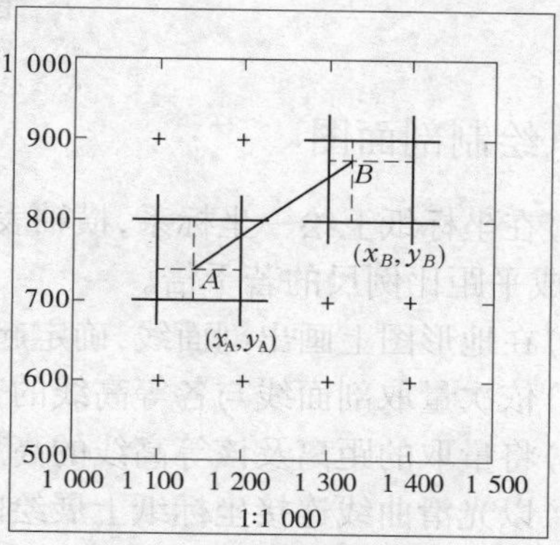

图 7-4　求直线的距离

五、求图上两点间的坡度

要求图上两点间的坡度,需要先求出两点间的水平距离 D 和两点间的高差 h,然后计算两点间的坡度。

坡度一般采用三种方法表示:

(1)用倾斜百分率(%)或千分率(‰)来表示,计算方法为:$\frac{h}{D} = i\%$(注意化为百分率或千分率的形式)。

这种表示方法一般在道路、渠道、管道建设中用得较多。

(2)倾斜角:$\alpha = \arctan \frac{h}{D}$。

(3)倾斜率:$i = \frac{h}{D}$,表示边坡的时候常使用,如 2/3、1/3、2/5 等。

六、在图上作等坡度线

步骤:

(1)按限制坡度求出图上等高线间的最小平距 d:$d = D/M = h/iM$,D 为等高线间实际平距。

(2)如图 7-5 所示,从 1 点起,以 d 为半径,作弧与相邻等高线交于 2 点;从 2 点起,以 d 为半径作弧,与相邻等高线交于 3 点…直至目的地 n 点。

(3)从 1 点开始,把 n 个点用折线连接。有时路线不止一条,应选施工方便、经济合理的一条。

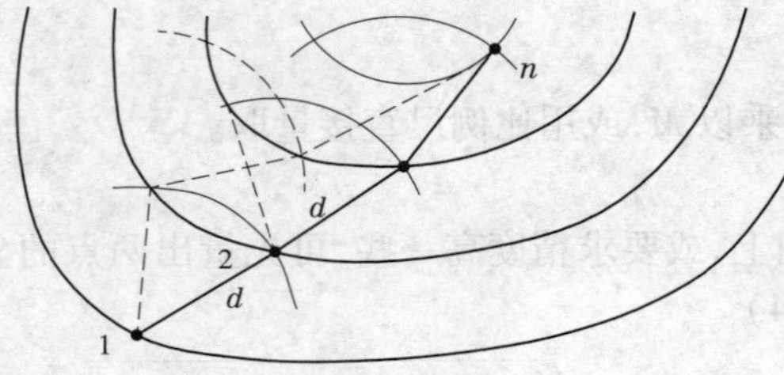

图 7-5　等坡线

七、绘制剖面图

(1)在坐标纸上绘一坐标系,横轴表示水平距离、纵轴表示高程。高程比例尺可根据需要设置成平距比例尺的若干倍。

(2)在地形图上画出剖面线,确定起止点 M、N。

(3)依次量取剖面线与各等高线的交点到 M 点的距离。

(4)将量取的距离及该等高线的高程,按比例尺展绘到坐标纸上。

(5)以光滑曲线连接坐标纸上展绘的各点。

八、场地平整时土方量的计算(方格网法)

在一些工程建设之前,首先要平整施工场地,这时就需要进行挖方量和填方量的计算,计算通常采用方格网法。

图 7-6 所示为某工程场地的地形图,假设现在要求将工程场地的原始地貌按照挖填平衡的原则改造成水平面,也就是直接在这块场地的高处挖土填到这块场地的低处,挖方量大致要等于填方量。可以按照下面几个步骤计算。

(一)在地形图上绘制方格网

方格网大小取决于地形的复杂程度、地形图比例尺的大小和土方计算的精度要求,一般地,方格边长为图上 2 cm。各方格顶点的高程用线性内插法求出,并注记在相应顶点的右上方。

(二)计算挖填平衡的设计高程

先将每一方格顶点的高程相加除以 4,就可以得到每个方格的平均高程 H_i,再将每个方格的平均高程相加除以方格总数,就得到挖填平衡的设计高程 H_0,当挖填工作完成后,工程场地就会变为一个水平面,那么 H_0 就是这个水平面的高程,其计算公式为

$$H_0 = \frac{1}{n}(H_1 + H_2 + \cdots + H_n) = \frac{1}{n}\sum_{i=1}^{n} H_i$$

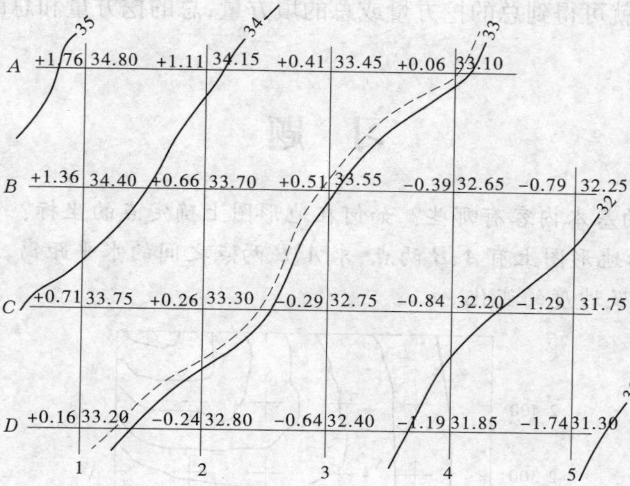

图7-6　场地平整

式中，$H_1, H_2, \cdots, H_n$ 分别为每个方格的平均高程。

从图7-6上可以看出，方格网的角点 A_1、A_4、B_5、D_1、D_5 的高程在计算平均高程的时候只用了一次，边点 A_2、A_3、B_1、C_1、C_5、D_2、D_3、D_4 的高程用了2次（比如 A_2 在计算左上角方格的平均高程时用了2次，其他边点同样都是用2次），拐点 B_4 的高程用了3次，中点 B_2、B_3、C_2、C_3、C_4 的高程用了4次，因此设计高程 H_0 的计算公式可以变换为

$$H_0 = \frac{\sum H_{角} + 2\sum H_{边} + 3\sum H_{拐} + 4\sum H_{中}}{4n} \quad (n\text{为方格的个数})$$

将图7-6中各个方格顶点的高程代入公式中就可计算出设计高程为33.04 m，然后在地形图上就可以内插出33.04 m的等高线（图7-6中虚线就是内插出的等高线），这条等高线就是挖填平衡的边界线，在边界线的左侧高程要大一些，因此是要挖方的区域，在右侧高程要小一些，因此是要填方的区域。

（三）计算挖填高度

将各方格顶点的高程减去设计高程 H_0 即得到各个方格顶点的挖、填高度，并把它注明在各方格顶点的右上方。

（四）计算挖填土方量

计算挖填土方量时是将角点、边点、拐点、中点分别计算，计算公式为

$$\left.\begin{aligned} &角点:挖(填)高 \times \frac{1}{4}方格面积 \\ &边点:挖(填)高 \times \frac{2}{4}方格面积 \\ &拐点:挖(填)高 \times \frac{3}{4}方格面积 \\ &中点:挖(填)高 \times \frac{4}{4}方格面积 \end{aligned}\right\}$$

挖填土方量的计算可以利用Excel表格，最后将角点、边点、拐点、中点所得到的填方量

或挖方量各自相加,就可得到总的挖方量或总的填方量,总的挖方量和总的填方量应该基本相等。

习　题

1. 地形图应用的基本内容有哪些?如何在地形图上确定点的坐标?

2. 如图7-7所示地形图上有A、B两点,求A、B两点之间的水平距离,B点相对于A点的所在方向、地面高程及坡度的变化。

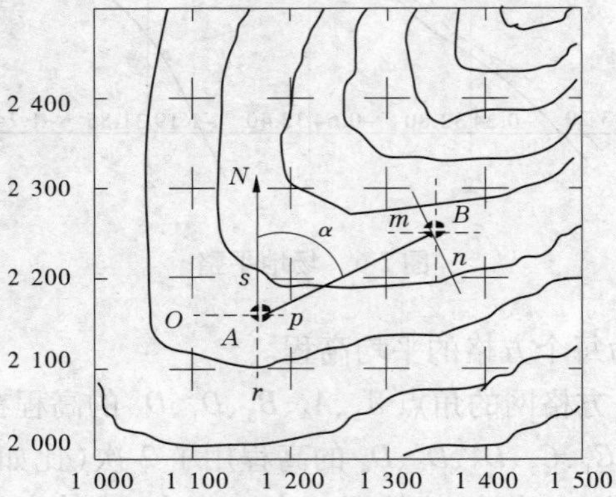

图7-7

3. 图7-8是1∶2 000比例尺地形图的一部分。试计算:

(1)A、C两点的坐标和高程;

(2)直线AC的长度和方位角;

(3)绘制AB方向的断面图。

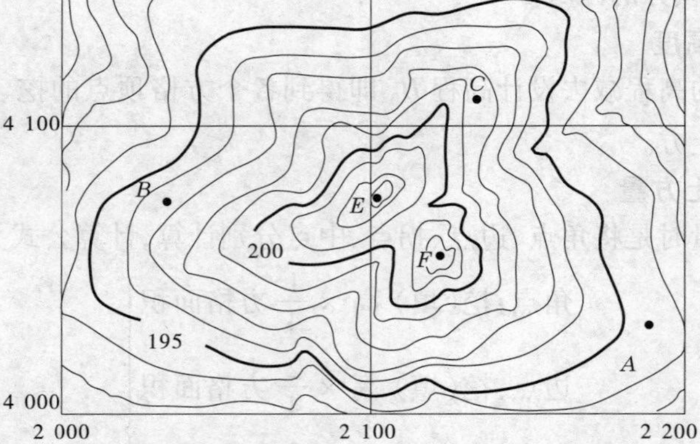

图7-8

第八章　施工测量的基本工作

第一节　测设的基本工作

一、已知水平角的测设

已知水平角的测设，就是已知角值并根据一个已知边方向，标定出另一边方向，使两方向的水平夹角等于已知水平角角值。例：设地面已知方向 OA，O 为角顶，β 为已知水平角角值，OB 为欲定的方向线，见图 8-1。

（一）正倒镜分中法

当测设水平角的精度要求不高时，可采用盘左、盘右分中的方法测设。测设步骤如下：

（1）经纬仪安置在 O 点上，在 A 点上立一个目标杆，首先将经纬仪置为盘左的位置瞄准 A 点，并将水平度盘置零。

（2）转动照准部，转到 β 角的位置，就得到这个角度的另外一条方向线，这就是我们要测设的 β 角。在地面上标定一个 B_1 点。

（3）将经纬仪置为盘右，重新瞄准 A 点，水平度盘同样也要置零，然后将照准部再顺时针转过一个 β 角，在地面上标定一个 B_2 点。

（4）因为有误差的存在，OB_1、OB_2 通常不会重合。如果这两条方向线之间的误差在允许范围内，则取 B_1B_2 的中点作为最终测设的 B 点。

（二）多测回修正法

当测设要求的精度较高时，可以采用多测回修正法。测设步骤如下：

（1）先用前面介绍的方法，也就是正倒镜分中法测出一个 β 角，标定一个 B 点（见图 8-2）。

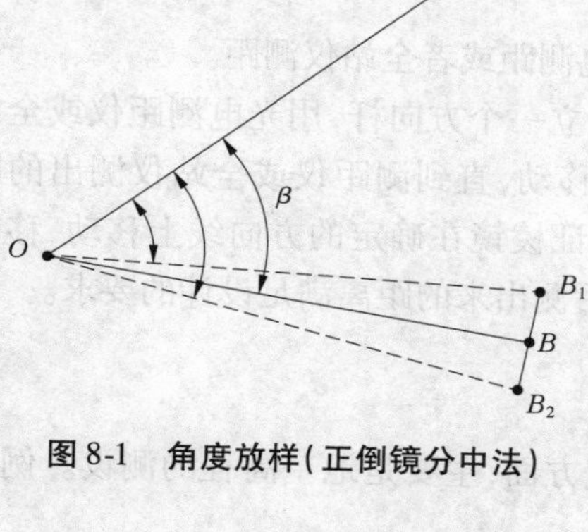

图 8-1　角度放样（正倒镜分中法）

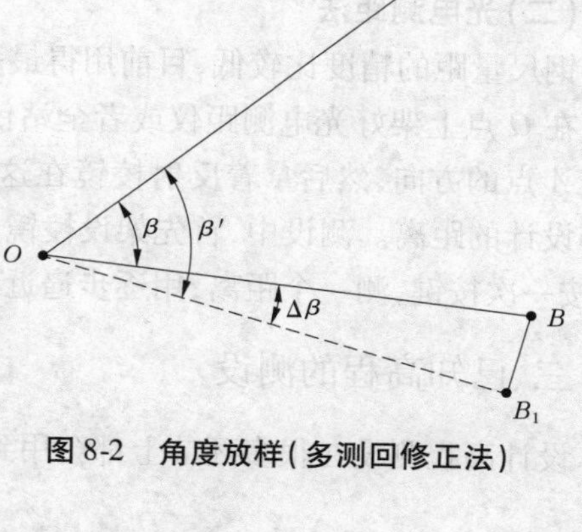

图 8-2　角度放样（多测回修正法）

(2)用测回法观测 A、B 方向几个测回，一般为 2 ~ 3 个测回，将这几个测回所测得的角度取平均值可以得到一个角度 β'。

(3)由于有误差的存在，设计值 β 与测设值 β' 之间会有一个差值 $\Delta\beta$。如图 8-2 所示，过 B 点作 OB 的垂线 BB_1

$$BB_1 = \frac{OB\Delta\beta}{\rho}$$

式中，OB 为 O 点至 B 点的平距；ρ 为常数 206 265″。

求出 BB_1 的大小后，我们可以用小卷尺从 B 点出发，沿垂直于 OB 的方向量取 BB_1 的长度，这样点 B_1 就确定了。

二、已知距离的测设

在指定的地面上有一个测设距离的起点，还有一个测设的方向，现在要测设一个水平距离。方法主要有两种：第一种是钢尺量距，第二种是光电测距。

(一)钢尺量距法

钢尺量距就是从 O 点出发，沿着这条方向线，用钢尺量出一段距离，得到一个 D' 点，OD' 就是我们要测设的水平距离。为了进行检核，我们从 O 点出发，按照同样的方法可以得到另外一个点 D''。如果 $D'D''$ 之间的误差在允许范围之内，那么就取这两点的中点 D 作为最后测设的点。

1. 平地时钢尺量距的操作步骤

(1)将钢尺的零端对准 O 点，沿给定方向拉平钢尺，在尺上读数为 D_{AB} 处插入测钎，定出一点 D'。

(2)将钢尺的零端移动 10 ~ 20 cm，同法再定出一点 D''。

(3)当两点相对误差($B'B''/D_{AB}$)在 1/3 000 以上时取中点作为 D 点的位置。

2. 斜坡时钢尺量距的操作步骤

当地面坡度不利于平量而采用斜量时需要做高差改正。

(1)从 O 点起沿给定方向，量出 D_{AB} 定出 A 点。

(2)用水准仪测量 OA 两点之间高差 h。

(3)计算 OD 之间待测设斜距 $L_{AB} = D_{AB} + h^2/2D_{AB}$。

(4)按 L_{AB} 沿斜坡测设 D 点(测设方法与平地时相同)。

(二)光电测距法

钢尺量距的精度比较低，目前用得最多的是光电测距或者全站仪测距。

在 O 点上架好光电测距仪或者全站仪。在 A 点立一个方向杆，用光电测距仪或全站仪瞄准 A 点的方向，然后拿着反射棱镜在这条直线上移动，直到测距仪或全站仪测出的距离等于设计的距离。测设中，首先架设棱镜，然后要保证棱镜在确定的方向线上移动，移动一下，按一次按键，测一个距离，用逐步逼近法直到最后测出来的距离满足设计的要求。

三、已知高程的测设

设计高程测设在很多环节上都会用到。在建筑方面，主要是地基高程的测设。例如建一栋房子，基础打好之后，房子有一条设计的地基线（如设计的地基线是 86.312 m），这个高度线到底在什么位置，这就需要测量人员测设并在实地标定出来。又如在公路方面要修一座桥梁，这就涉及桥墩的放样。

例：水准点 BM_1 的高程为 85.218 m，待放样点 P 的高程为 86.312 m，测设的基本步骤如下。

（一）安设仪器

在控制点 BM_1 和待放样的点 P 点之间架设水准仪，在 BM_1 点上和 P 点上分别架设水准尺。为了在 P 点可以控制高度，通常在 P 点上打一个比较高的木桩，方便后面进行高度的调整。木桩打好后，把水准尺放在木桩上。

（二）观测

仪器架整平后，瞄准后视 BM_1 点，读数为 1.254 m，读数读出来后就可以求出仪器视线的高度 $H_i = H_{BM1} + a$。后视读数用 a 来表示，把 BM_1 的高程 85.218 代入，求得视线高为 86.472 m。

（三）求出 P 点尺上应该的读数

计算公式：$b = H_i - H = 86.472 - 86.312 = 0.160$（$b$ 表示水准尺上应该读的数）。

（四）观测并控制 P 点木桩使读数为 0160

瞄准水准尺读数，读数若比 0160 小，则表示目标点高程比待测点高，应该将木桩向下打，反之则需重新钉桩使木桩升高。如此反复使得水准尺上的读数刚好为 0160，这时桩顶的高程就是要测设的高程。

将地面点的高程测设到坑底或高程建筑物上时，测设点与已知水准点的高差过大，可用钢尺悬挂法测设（见图 8-3）。

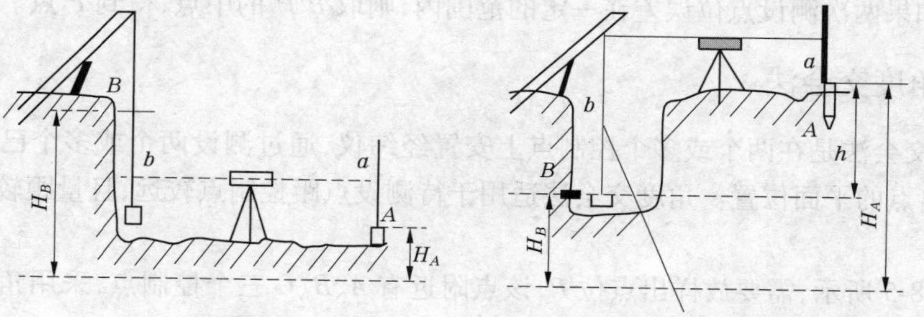

图 8-3　已知高程的测设

对高处 B 点：$b_{设} = H_B - (H_A + a)$。悬吊钢尺，零端朝上，上下移动，当 b 读数等于 $b_{设}$ 时，钢尺的零刻度线处即为待测设高程 H_B。

对坑底 B 点：$b_{设} = (H_A + a) - H_B$。悬吊钢尺，零端朝下，上下移动，当 b 读数等于 $b_{设}$ 时，钢尺的零刻线处即为待测设高程 H_B。

第二节　点的平面位置的测设

一、极坐标法

在图纸上有已知的两个控制点，要在图纸上设计某一个地物，例如设计一个路灯，用 P 来表示，把路灯的位置标定在图上。已有两个已知的控制点，这里的已知有两个含义，即控制点的图上位置是已知的，控制点的地面位置也是已知的。点的平面位置测设就是要把图上设计好的 P 点在实地标定出来。这里以已知两控制点 A、B，测设出一个待放样点 P 为例，具体步骤如下。

（一）计算测设元素

测设元素包括两个：一个是水平夹角 β，另一个是水平距离 D（见图 8-4）。

控制点和待放样点坐标都是已知的，通过三个点的坐标就可以计算出夹角的值和点之间的水平距离。

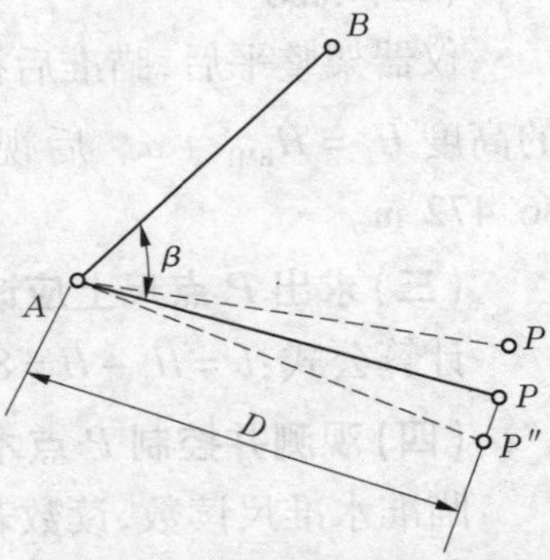

图 8-4　极坐标法放样点位

（二）具体的测设步骤

（1）在控制点 B 上安置经纬仪，瞄准后视点 A，水平度盘置零。

（2）顺时针转动 β 角，得到测设点方向。

（3）从 B 点出发，沿着望远镜方向量取 P 点至 B 点的水平距离 D，即可得到 P' 点的位置。

（4）为了检查测设的精度，我们可以按照同样的方法重复一次，得到 P''。

（5）如果两次测设点位误差在一定的范围内，则取 $P'P''$ 的中点，得到 P 点。

二、角度交会法

角度交会法是在两个或多个控制点上安置经纬仪，通过测设两个或多个已知水平角角度，交会出点的平面位置。角度交会法适用于待测设点距控制点较远，且量距较困难的建筑施工场地。

如图 8-5 所示，需要放样出点位 P，该点附近有 A、B、C 三个控制点，采用角度交会法放样点位的具体操作如下：

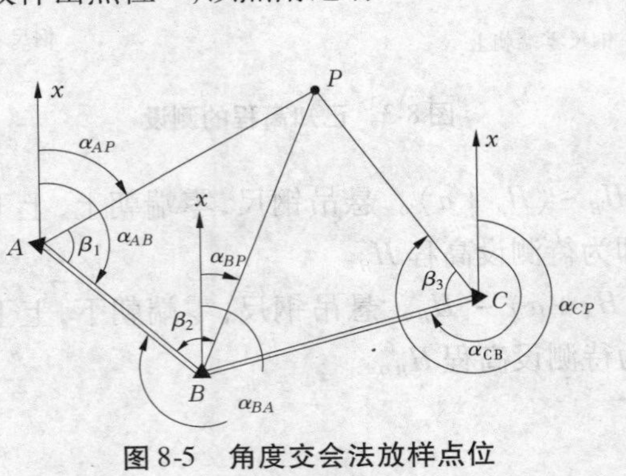

图 8-5　角度交会法放样点位

(1)按坐标反算公式,分别计算出 α_{AB}、α_{AP}、α_{BP}、α_{CB} 和 α_{CP}。

(2)计算水平角 β_1、β_2 和 β_3。

(3)测设 β_1、β_2 和 β_3,视具体情况,可采用一般方法或精密方法。

(4)若示误三角形边长在限差以内,则取示误三角形重心作为待测设点 P 的最终位置(见图 8-6)。

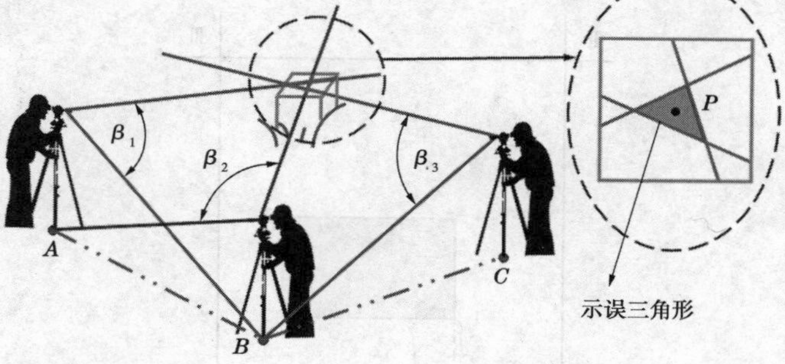

图 8-6 角度交会法放样操作示意图

三、距离交会法

距离交会法是根据两段已知距离交会出点的平面位置。A、B 为已知的控制点(见图 8-7),那么它们在地面上的位置是已知的,同时它们在设计图上的坐标也是已知的。现在我们要测设两个点 1、2 在地面上的位置,1、2 可能是某个建筑物轴线的交点。那么 1、2 点在设计图上的坐标也是已知的。

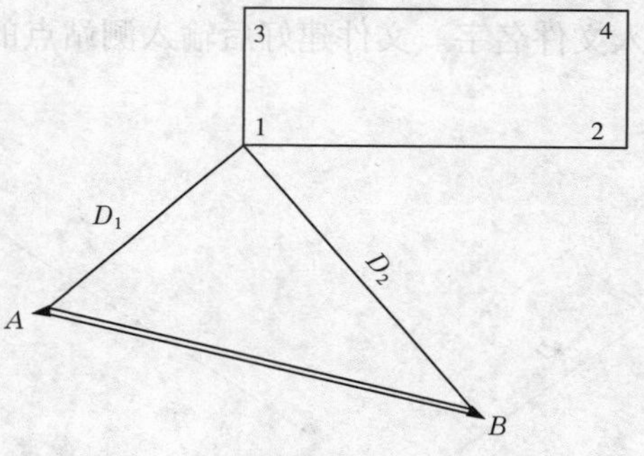

图 8-7 距离交会法放样点位

计算距离 D_1、D_2,由于 A、$B1$ 的坐标已知,通过两点间的距离公式,就可以计算出 A 到 1 点的距离 D_1 和 B 到 1 点的距离 P_2。

算出了 D_1、D_2 这段距离,然后拿两把钢尺,分别从 A、B 两点出发。从 A 点出发丈量一段距离 D_1,从 B 点出发丈量一段距离 D_2,那么用 D_1、D_2 的这两段距离将两把钢尺相交,交会点就是 1 号点。同样,也可以测设出 2 号点的位置。

最后为了检查测设的正确性,需要丈量 12 边的长度。12 边的长度有一个理论值,可以通过两点间的距离公式求得。如果丈量的长度与理论值之间的误差在允许的范围之内,1、2 点就是最终测设出来的平面点。

四、直角坐标法

任何地物的平面位置的测设，都可以分解为单个点的测设。现要测设 1 号点（见图 8-8），只要量取 1 号点到围墙的水平距离和垂直方向上的距离，在地面上就可以根据轴线，在 y 方向上量取一个距离 y_1，在 x 方向上量取一个距离 x_1，就能够测设出该点的点位。这就是直角坐标法，它在实际工作中应用得不多，在公路建设、房屋建筑方面也有可能用到。

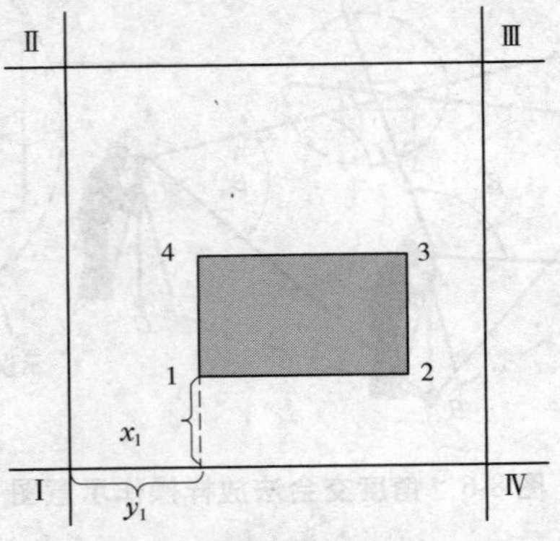

图 8-8　直角坐标法

五、全站仪法

当知道待放样点的坐标时，可以采用全站仪法放样点的位置。另外，全站仪可直接放样点的三维坐标，既可以标定待放样点的平面位置，还可放样出高程。操作步骤如下：

（1）安仪。在控制点 A 安置全站仪（见图 8-9），开机进入放样程序模块中，在程序测量模块中，创建新的文件，输入文件名字。文件建好后输入测站点的三维坐标和仪器高。

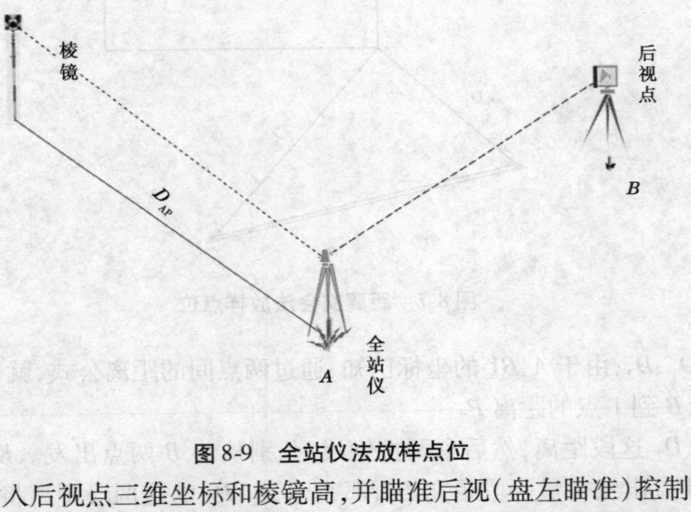

图 8-9　全站仪法放样点位

（2）定向。输入后视点三维坐标和棱镜高，并瞄准后视（盘左瞄准）控制点 B，确认。

（3）输入。测站建好后，输入放样点坐标，进入引导模式即可开始放样。

（4）调整反观镜位置确定点。进入引导模式，先水平转动仪器使角度差归零，即确定了 P 点的方向。在方向线上安置反观镜，使反观镜正对仪器，然后按照全站仪显示的距离差前后移动反光镜的位置，如此反复直至距离差归零，即确定了 P 点的平面位置。确定 P 点的平面位置后，上下移动反观镜，使全站仪引导的高度差归零，即确定了 P 点的三维位置。

六、坡度线的测设

在铺设管道、修筑道路工程中，经常需要在地面上测设给定的坡度线。测设已知的坡度线，坡度较小时，一般采用水准仪来测设；坡度较大时，一般采用经纬仪来测设。

A 点是地面上的一个已知点，A 点的设计高程为 H_A（见图 8-10）。现在要求从 A 点沿着 AB 方向测设出一条坡度为 $-8‰$ 的直线，也就是要测设出 A、B 两点间的一条坡度线，A、B 两点的水平距离为 D。

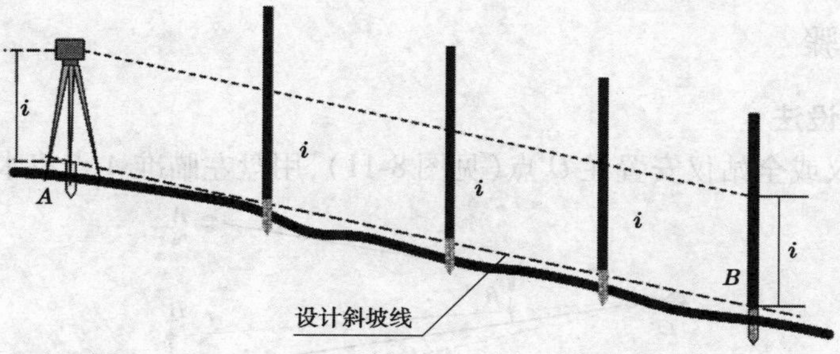

图 8-10　已知坡度线测设

求 B 点设计高程，在地面上测设 A、B 两点的高程

$$H_B = H_A + i \times D = H_A - 0.008D$$

求出 B 点的设计高程后，就可以按照已知高程的测设方法将 A、B 两点的设计高程在实地测设出来。现在，A、B 两点间的连线已成为符合要求的坡度线。

A、B 两点间距离通常比较远，因此还要在 A、B 间加密一些点来满足施工建设的要求。

架设仪器，量仪高 i，瞄准 B 尺，转动脚螺旋，使 B 尺读数为 i。

调整木桩，使中间点尺上读数为 i。

可以将木桩在中间各点（1、2、3 点）上打入地下，然后在木桩上立水准尺，并在 A 点上瞄准这些水准尺进行读数。如果读数小了，可将木桩再敲下去一些，这样逐步逼近，直到水准尺上的读数逐渐增大到仪器高 i 为止。这样把每个木桩的桩顶连接起来就是在地面上测设出来的设计坡度线。

第三节　实验操作

实验一　已知角度的测设

已知 AO 方向，测设角 $\beta = 60°$。试测设 OC 方向线使 $\angle BOC = \beta$。

一、实验性质

综合性实验，实验学时数安排为 2 ~3 学时。

二、目的和要求

(1)掌握角度测设基本的方法。

(2)掌握精密测设角度的方法。

三、仪器和工具

(1)每组钢尺 1 把、测钎若干、经纬仪 1 套、小卷尺 1 把。

(2)自备铅笔、计算器。

四、方法步骤

(一)简易测设法

(1)将经纬仪或全站仪安置在 O 点(见图 8-11),用盘左瞄准 A 点将水平度盘置零。

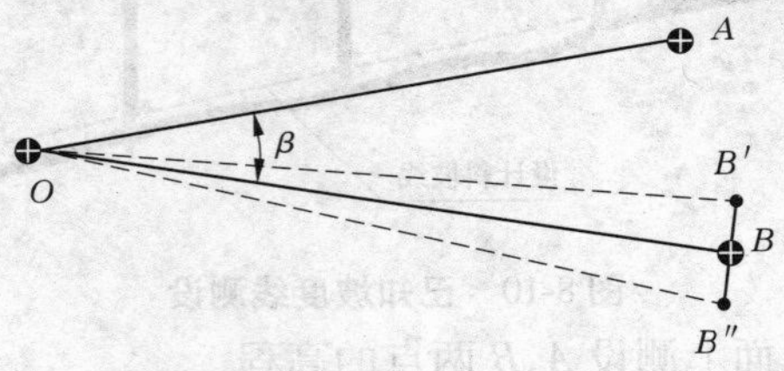

图 8-11

(2)顺时针旋转望远镜使水平度盘读数为 60°,在视线方向定出 B' 点。

(3)转换成盘右位,同法测设出 B'' 点。

(4)取 B'、B'' 点的中点 B。

(二)精密测设法

(1)先按简易方法定出 B 点。

(2)用测回法测定 $\beta' = \angle BAC' = 60°00'30''$, $L = OB = 50.000$ m,则改正支距 $\delta = L \times \Delta\beta / \rho = 50 \times 30''/206\,265'' = 0.007$ m。将 B 点向内垂直挪移 7 mm,定出 B 点。

实验二　已知水平距离的测设

如图 8-12 所示,已知地面上 A 点,A、B 之间设计水平距离 D_{AB},要求在地面给定方向上标定出 B 点的位置。用名义长为 30 m 的钢尺,在地面上测设水平距离为 80 m 的线段 AB。

一、实验性质

综合性实验,实验学时数安排为 2 ~3 学时。

二、目的和要求

(1)掌握钢尺测设距离的方法。

(2)掌握利用全站仪测设距离的方法。

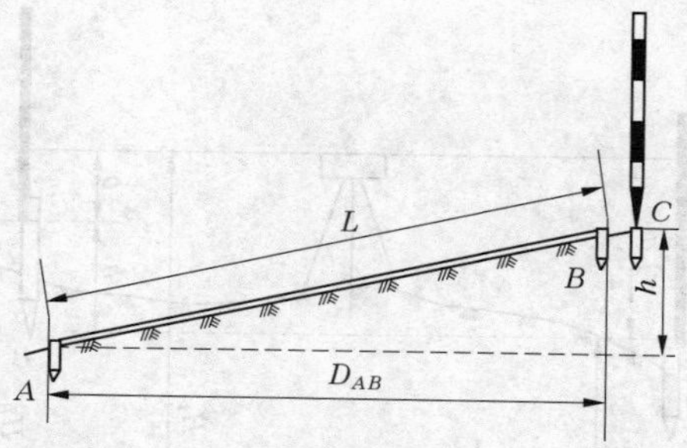

图 8-12

三、仪器和工具

(1)每组钢尺 1 把、测钎若干、全站仪 1 套、花杆若干。
(2)自备铅笔、计算器。

四、方法步骤

(一)钢尺测设

测设方法:先贴地概量 80 m,得到 B 点大致位置 C;用水准测量法得到 A、C 间的高差 1.25 m;计算出与水平距离 80 m 相当的地面距离 L;从 A 点起沿 A、C 方向量出 L 定终点 B。再往返测量 A、B 之间的地面距离取平均,与 L 相比较检验,如精度满足,测设结束。否则,进行改正。

(二)全站仪测设

安置全站仪于 A 点,进入放样模式,输入仪高和棱镜高,瞄准给定方向。沿该方向移动棱镜,当显示的距离等于设计距离时,在地面上标定点 B'。测量 AB' 的水平距离与设计距离比较,若符合精度要求,B' 点即为 B 点。否则改正 B' 点的位置,直至满足精度要求。

实验三　已知高程的测设

如图 8-13 所示,已知水准点 A 的高程,测设 B 点高程,使 B 点高程等于设计高程。已知水准点 A 的高程 $H_A = 28.167$ m,测设 B 桩使其高程 $H_B = 29.000$ m。

一、实验性质

综合性实验,实验学时数安排为 2 ~3 学时。

二、目的和要求

(1)掌握钢尺测设距离的方法。
(2)掌握利用水准仪测设距离的方法。

三、仪器和工具

(1)每组水准仪 1 套、水准尺 2 根。
(2)自备铅笔、计算器。

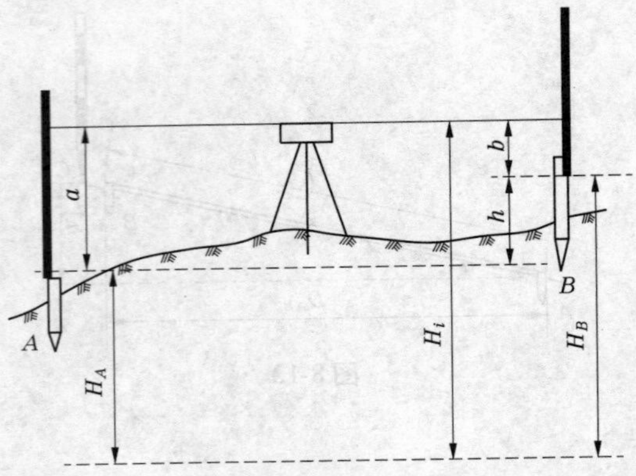

图 8-13

四、方法步骤

在 A、B 两点间安置水准仪，先在 A 点立水准尺，读取尺上读数 $a=1.428$ m，由此得视线高程为 $H_i=H_A+a=28.176+1.428=29.604$(m)，则满足设计高程的 B 尺读数 $b=H_i-H_B=29.604-29.000=0.604$(m)。将 B 尺靠 B 桩侧上下移动，待 $b=0.604$(m)时停止。在 B 尺底部对着木桩上划线，该线即为测设高程。

实验四　点的平面位置测设

如图 8-14 所示，已知建筑物相对于 AOB 主轴线的四个角点坐标 1(120.00,20.00)、2(120.00,140.00)、3(40.00,140.00)、4(40.00,120.00)，测设 1、2、3、4 点。

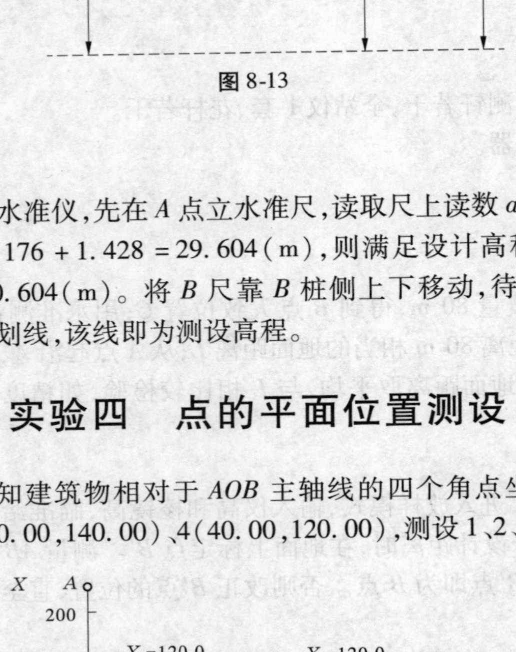

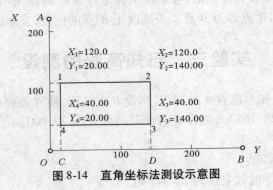

图 8-14　直角坐标法测设示意图

一、实验性质

综合性实验，实验学时数安排为 2 ~3 学时。

二、目的和要求

掌握直角坐标法放样点的平面位置。

三、仪器和工具

(1)每组经纬仪1套、皮尺1把、花杆若干。
(2)自备铅笔、计算器。

四、方法步骤

(1)在 O 点安置经纬仪,瞄准 B 点。在视线方向上量出20 m,定 C 点;再从 $Y=100$ m的距离桩向前量出40 m定 D 点。

(2)经纬仪搬至 C 点,瞄准 B 点逆时针测设90°方向。在视线方向分别量出40 m和120 m定出4点和1点。

(3)经纬仪搬至 D 点,同样瞄准 B 点逆时针测设90°方向。在视线方向分别量出40 m和120 m定出3点和2点。

(4)检查3、4之间和1、2之间距离,相对误差应在1/3 000~1/5 000。

(5)检查∠1和∠2,角值应在90°±1′之内。

实验五 角度交会法和距离交会法

角度交会法适用条件:当待测设的点位与已知控制点相距较远或量距不方便时使用。距离交会法适用条件:待测设的点位与已知控制点较近,最好是一整尺范围时使用。

在实地分别测设出一个边长为40 m和10 m的正三角形。

一、实验性质

综合性实验,实验学时数安排为2~4学时。

二、目的和要求

(1)掌握角度交会法放样点的平面位置。
(2)掌握距离交会法放样点的平面位置。

三、仪器和工具

(1)每组经纬仪1套、皮尺2把、花杆若干。
(2)自备铅笔、计算器。

四、方法步骤

根据角度交会法和距离交会法的适用范围,可确定边长为40 m的正三角形宜用角度交会法,边长为10 m的正三角形宜用距离交会法。

(一)角度交会法步骤

(1)在试验场地利用皮尺测出距离为40 m的两个点 A、B(分段测量),见图8-15。

(2)在 A 点安置经纬仪1测设60°方向,并在该方向 P 点大致位置的前后打入骑马桩 A_1 和 A_2。

(3)在 B 点安置经纬仪 2 测设 60°方向，并在该方向 P 点大致位置的前后打入骑马桩 B_1 和 B_2。

(4)用细线把 A_1 和 A_2、B_1 和 B_2 分别连接，两细线交叉处为 P 点。

(5)若有两台经纬仪，则分别在 A、B 两点安设仪器，移动标杆立在两个方向的交会点上，定出 P 点。

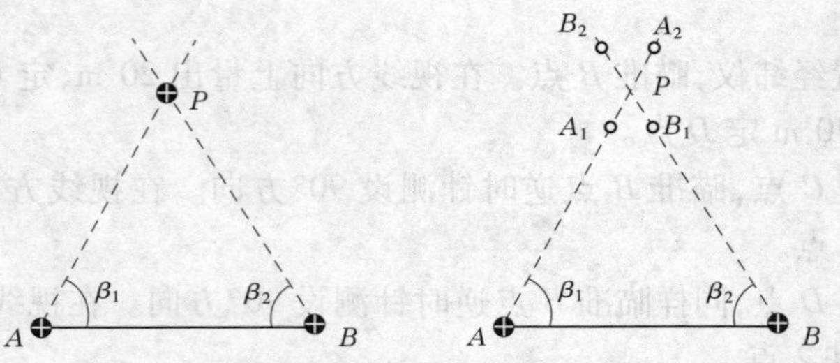

图 8-15　角度交会法示意图

(二)距离交会法步骤

(1)在试验场地利用皮尺测出距离为 10 m 的两个点 A、B(分段测量)。

(2)A 点沿着方向 P 拉皮尺定出 10 m 的位置。

(3)B 点沿着方向 P 拉皮尺定出 10 m 的位置。

(4)两皮尺的交会点为 P 点。

(5)若只有一把皮尺，以 A 为圆心，以 10 m 为半径，用钢尺在地面上画弧；再以 B 点为圆心，以 10 m 为半径，用钢尺在地面上画弧；两条弧线的交点为待测设点。

注意：圆弧不能延长，定点时必须是在已标记的圆弧上精确定点，必要时需重复上述步骤。

实验六　全站仪放样

已知 A、B 两个控制点，A(530.00 m,520.00 m)、B(469.63 m,606.22 m)。若 P 点的测设坐标为(522.00 m,586.00 m)，试用角度交会法测设 P 点的数据。

一、实验性质

综合性实验，实验学时数安排为 1~2 学时。

二、目的和要求

掌握全站仪放样点的操作和方法。

三、仪器和工具

(1)每组全站仪 1 套、反光镜 2 套、测钎若干。

(2)自备铅笔、计算器。

四、方法步骤

(1)安仪。在控制点 A 安置全站仪，开机进入放样程序模块中，在程序测量模块中，创建新的文件，输入文件名字。文件建好后输入 A 的坐标(530.00 m,520.00 m)。

(2)定向。输入 B 点的坐标(469.63 m,606.22 m)，并瞄准后视(盘左瞄准)控制点 B，确认。

(3)输入。测站建好后，输入放样点 P 的坐标(522.00 m,586.00 m)，进入引导模式，水平转动仪器使角度差归零。

(4)调整反观镜位置确定点：沿着全站仪目镜的方向线上安置反观镜，使反观镜正对仪器测量，按照全站仪显示的距离差前后移动反光镜的位置，如此反复直至距离差归零，即确定了 P 点的平面位置。

实验七 已知坡度线的测设

如图 8-16 所示，试述测设一条坡度 $i = +10‰$的直线 AB。已知 $H_A = 125.250$ m，$D_{AB} = 80.000$ m。

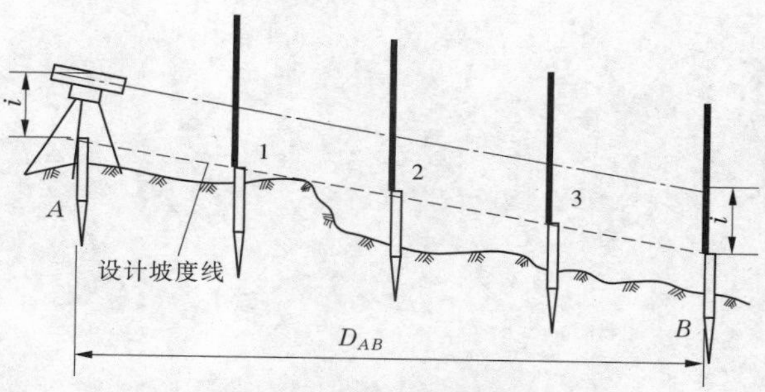

图 8-16 坡度线测设示意图

一、实验性质

综合性实验，实验学时数安排为 1 ~2 学时。

二、目的和要求

(1)掌握坡度的定义和应用。

(2)掌握已知高程点的放样方法。

三、仪器和工具

(1)每组水准仪 1 套、皮尺 1 把、水准尺 1 把、测钎若干。

(2)自备铅笔、计算器。

四、方法步骤

(一)测设方法

已知 A 点高程 H_A 和 AB 线的设计坡度 $i_{设}$，沿 AB 方向隔一段距离打桩，使桩顶的高程在设计坡度线上。

(二)测设步骤

(1)用皮尺在地面上定出间距为 80 m 的两点 A、B。

(2)计算满足 $i_{设}$ 要求的 B 点高程 H_B。

$$H_B = H_A + i_{设} D_{AB}$$

(3)用高程测设法测设出 B 点高程 H_B。

(4)将水准仪安置在 A 点,量仪高,瞄准 B 点水准尺(水准仪的一只脚螺旋正对着 B 点方向,另两只垂直于直线 AB)。

(5)调整 AB 方向上的脚螺旋,使中丝在 B 点水准尺上的读数为仪器高(此时仪器的视线平行于设计坡度线)。

(6)将水准尺依次立于 A、B 间各点桩上,打入木桩至水准尺读数等于仪器高即可。

第九章 矿山测量

第一节 矿山测量的基本工作

矿山测量是测量学在实际生产实践中的具体应用,它是随着矿山生产的需求而产生和发展的。它与普通工程测量具有相通之处,是研究矿山生产在规划设计、施工建设和运营管理阶段所进行的各种测量工作。

矿山测量除使用常规的工程施工放样方法外,鉴于其特殊的工作环境(井下)有其特有的测量方法和放样手段,矿山测量是采矿科学的一个分支学科,它综合运用了测量、地质及采矿等多种学科的知识,主要研究和处理矿山地质勘探、建设和采矿过程中从地面到井下、在静态和动态情况下的各种空间几何问题。

煤矿测量工作的主要任务是:

(1)建立矿区地面和井下(露天坑)测量控制系统,为煤矿各项测量工作提供起算数据。

(2)依据设计文件,进行采掘(剥)、土建、管线和机电安装等工程测量工作,并在煤矿基本建设和生产各个阶段,对采掘(剥)工程是否按设计施工进行检查和监督。

(3)利用测绘资料,解决煤矿生产、建设和改造中提出的各种测绘问题,并为煤矿灾害的预防、救护提供有关的测绘资料。

(4)测绘各种煤矿测量图(见图9-1),满足煤矿生产、建设和规划各阶段的需要。

(5)定期进行矿井“三量”(开拓煤量、准备煤量和回采煤量)、露天矿“二量”(开拓煤量、回采煤量)和露天矿采剥量的统计分析;正确反映煤矿采掘(剥)关系现状。按《产矿井储量管理规定》的要求,对煤矿各级储量动态及损失量进行统计和管理工作,对煤炭资源的合理开采进行业务监督。

(6)建立地表、岩层和建(构)筑物变形观测站,开展矿区地表与岩层移动规律、采矿或非采矿沉陷综合治理及环境保护工作的研究。

(7)根据矿区地表和岩层移动变形参数,设计和修改各类煤柱。参与“三下”(铁路下、水柱下和建筑物下)采煤和塌陷区综合治理及土地征用和村庄搬迁的方案设计和实施。

(8)进行矿区范围内的地籍测量。

(9)参与本矿区(矿)月度、季度、年度生产计划和长远发展规划的编制工作。

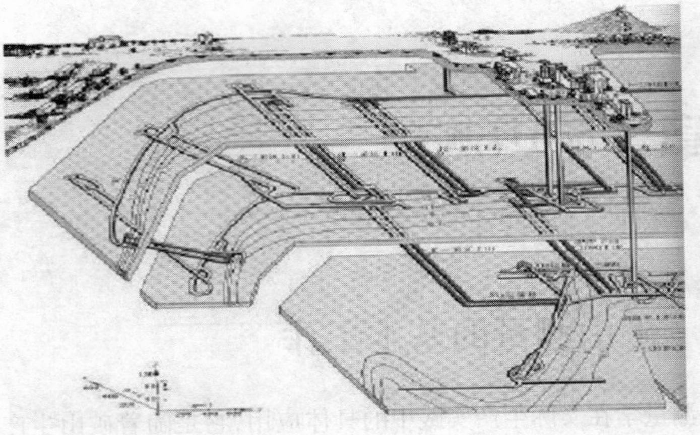

图 9-1 矿图

第二节　井下平面控制测量

井下平面控制是为了建立井下平面控制网，为测绘和标定井下巷道、硐室、回采工作面等的平面位置提供起算和测量基础。由于受到观测条件的限制，井下平面控制多以导线的形式沿着巷道布设。

井下测量的空间是各种巷道与采掘场所，由于巷道狭窄，加之各种管道、车辆乃至行人、风流等都在其中通过或活动，因此必然对测量工作产生干扰或阻碍。此外，还有照明条件差、通视困难等因素存在，因此要求在井下测量时，应尽量避开行人、车辆和管道，采用专门的照明设备和特殊的仪器工具，尽量适应这样的工作条件，甚至需要暂时停产，否则就无法工作。地面测量，由于空间开阔，可以根据测量工作的原则，进行一次全面布设控制网并进行统一平差。这样，测区各控制点的精度是基本相同的，同一比例尺图的精度分布也是均匀的。而在井下测量，只能随着采掘工程的进展，从无到有，从小到大，逐渐延伸，所以测量精度的分布就不均匀。

与地面导线测量相比，地下导线测量具有以下特点：

(1)由于受坑道的限制，其形状通常是延伸状。地下导线不能一次布设完成，而是随着坑道的开挖逐渐向前延伸。

如图 9-2 所示，当由石门处开始掘进主要运输大巷时，随巷道掘进而先敷设低等级的 ±15″导线和 ±30″导线（如图 9-2 中虚线所示），用以控制巷道中线的标定和及时填绘矿图，随巷道掘进每 30 ~ 100 m 延长一次。

当巷道掘进到 300 ~ 500 m 时，再敷设 ±7″和 ± 15 ″级基本控制导线，用来检查前面已敷设的低级采区控制导线是否正确。这样不断分段重复，直到形成闭（附）合导线，如图 9-3 所示。

(2)导线点有时设于坑道顶板，需采用点下对中。

(3)随着坑道的开挖，先敷设边长较短、精度较低的施工导线，指示坑道的掘进。而后敷设高等级导线并对低等级导线进行检查校正。

(4)地下工作环境较差，对导线测量干扰较大。

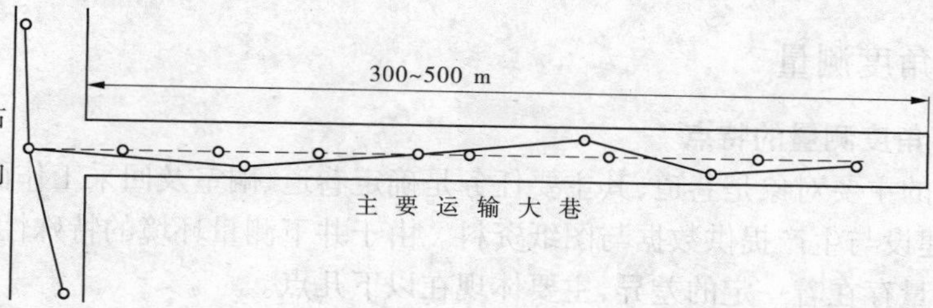

图 9-2　初级控制导线

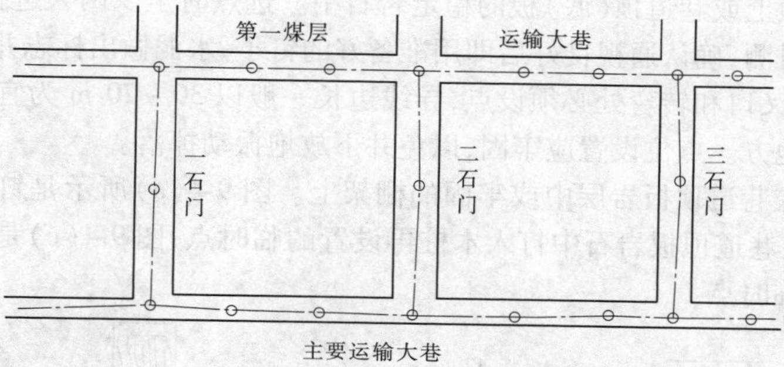

图 9-3　基本控制导线

地下导线的起始点通常位于平峒口、斜井口及竖井的井底车场，而这些点的坐标是由地面控制测量或联系测量测定的。地下导线等级的确定，取决于地下工程的类型、范围及精度要求等，对此各部门均有不同的规定。如《煤矿测量规程》规定，井下平面控制测量分为基本控制和采区控制两类。基本控制导线按照测角精度分为 ±7″和 ±15″两级，一般从井底车场起始边开始，沿主要巷道（井底车场，水平大巷，集中上、下山等）敷设，通常每隔 1.5 ~ 2.0 km 应加测陀螺定向边，以提供检核和方位平差条件。采区控制导线按测角精度分为 ±15″和 ±30″两级，沿采区上、下山，中间巷道或片盘运输巷道及其他次要巷道敷设。

基本控制导线的主要技术指标、采区控制导线的主要技术指标见表 9-1、表 9-2。

表 9-1　基本控制导线的主要技术指标

井田一翼长度(km)	测角中误差(″)	一般边长(m)	导线全长相对闭合差	
			闭(附)合导线	复测支导线
≥5	±7	60 ~ 200	1/8 000	1/6 000
<5	±15	40 ~ 140	1/6 000	1/4 000

表 9-2　采区控制导线的主要技术指标

井田一翼长度(km)	测角中误差(″)	一般边长(m)	导线全长相对闭合差	
			闭(附)合导线	复测支导线
≥1	±15	30 ~ 90	1/4 000	1/3 000
<1	±30	—	1/3 000	1/2 000

一、井下角度测量

（一）井下角度测量的特点

井下测量的主要对象是巷道，其主要任务是确定巷道、硐室及回采工作面的平面位置与高程，为煤矿建设与生产提供数据与图纸资料。由于井下测量环境的特殊性，井下角度测量和地面角度测量存在着一定的差异，主要体现在以下几点。

1. 点位的布设

井下导线点分为永久点和临时点两种。临时点可选设在顶板岩石中或牢固的棚梁上，永久点应设在碹顶上或巷道顶（底）板的稳定岩石中。选点时至少两人进行，在选定的点位上用矿灯或电筒目测，确认通视良好后即用准备好的钉子、水泥做出标志并用油漆或粉笔写出编号，在巷道交叉口和转弯处必须设点，导线边长一般以 30 ~ 70 m 为宜。导线点设置在便于安置仪器的地方。点位设置应牢固，以免井下放炮振动掉落。

临时点可设在巷道顶板岩层中或牢固的棚架上。图 9-4（a）所示是钉入木棚梁的临时点；图 9-4（b）是在巷道顶板岩石中打入木桩再设置的临时点；图 9-4（c）是用混凝土或水玻璃粘在顶板上的临时点。

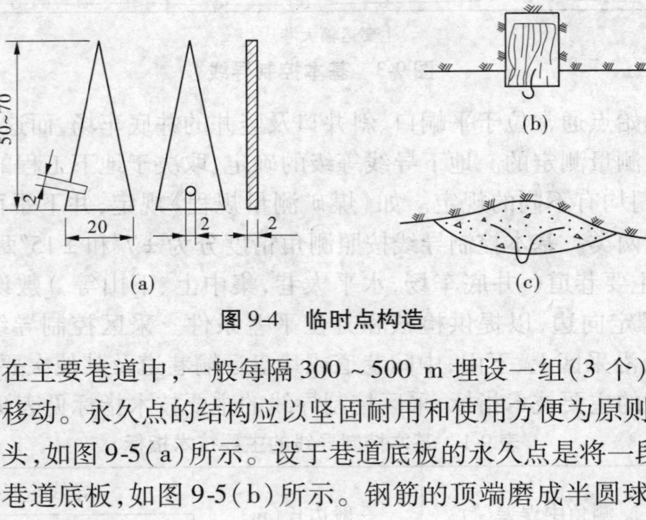

图 9-4　临时点构造

永久点应埋设在主要巷道中，一般每隔 300 ~ 500 m 埋设一组（3 个）永久点，以便用测角来检查其是否有移动。永久点的结构应以坚固耐用和使用方便为原则，用作顶板点标志的最好焊上一段铜头，如图 9-5（a）所示。设于巷道底板的永久点是将一段直径 25 mm 的钢筋用混凝土埋设于巷道底板，如图 9-5（b）所示。钢筋的顶端磨成半圆球面，并钻一中心小孔作为测点中心。

所有的导线点都应做明显标志并统一编号，用红漆或白漆将点位圈出来，并将编号涂写在设点处的巷道帮上，以便寻找。

2. 仪器的要求

井下角度测量仪器主要有矿用经纬仪、陀螺经纬仪、矿用全站仪等。相比较一般测量来说，井下测量所使用的仪器一般具有以下特点：

（1）设置镜上中心，即仪器中心刻画在望远镜上，便于进行点下对中。

（2）具有防爆照明设备。由于井下黑暗潮湿，并有瓦斯及煤尘，仪器必须有较好的密封性。

（3）望远镜镜筒要短，便于近距离调焦。在倾角很大的急倾斜巷道中测角时，望远镜视线可能被水平度盘挡住，所以矿用经纬仪望远镜镜筒要短，最好有目镜棱镜或偏心望远镜。

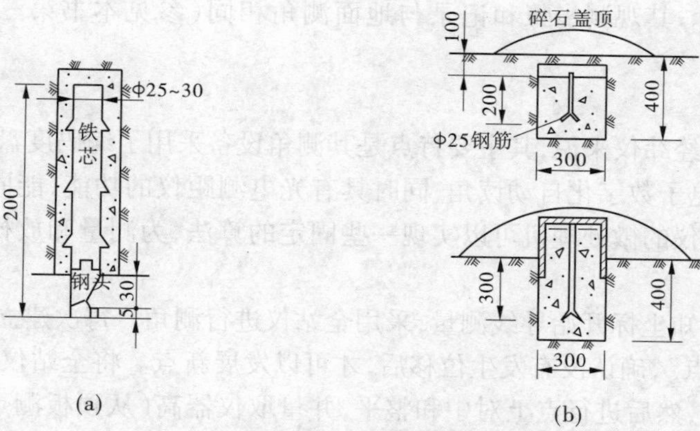

图 9-5　永久点构造

目前,很多经纬仪、测距仪、全站仪在功能设计上都有考虑到井下测量的特殊需要,一般都可以应用于井下测量。需要注意的是,因为井下条件恶劣,光线很暗再加上闷热、水气很重,使得仪器湿气很重,所以必须将仪器的目镜、物镜上的水气擦干净,才可以开始测量,以免产生很大的误差。

3. 观测的要求

井下巷道测量的方式主要是导线测量,导线的布设形式一般有闭合导线、附合导线和支导线三种,但井下巷道施工测量中一般以支导线为主,当巷道贯通以后进行联测时才可布设闭合导线或附合导线。在巷道测量中,工作环境黑暗,潮湿,视野狭窄,行人,车辆较多,巷道内又有各种管线障碍,这些因素都会给测量工作带来一定的影响。井下巷道测量对精度要求很高,在井下平面控制测量及井下巷道贯通测量中,导线测量精度的高低将对确定新老巷道及采空区之间的关系、巷道的贯通等产生直接影响,在煤矿的安全生产及抢险救灾工作中也起着重要作用。井下导线测量一般采用"后—前—前—后"的测量方法,导线点一般都布设在巷道顶板上,对点号吊挂线绳进行对中测量。

(二)井下角度测量的实施

由于井下的特殊条件,井下角度测量的实施和地面测角既有相同之处也有其特别需要注意的地方。

1. 经纬仪测角

1)仪器安设

经纬仪需标有镜上中心,以便点下对中。经纬仪在测点下对中时,要整平仪器,并令望远镜上中心对准垂球尖。对中用的垂球尖最好是可以伸缩的,以便微调。若井下巷道中风较大,可以加重垂球,或放于水桶中使其稳定,或加挡风设施。

2)观测

井下角度观测常用的方法主要有测回法和复测法两种。用测回法测量角度$\angle ACB=\beta$时,如图 9-6 所示,在仪器站 C 点整平对中经纬仪,在后视点 A 和前视点 B 悬挂垂球线作为觇标,并用矿灯蒙上白纸照明垂球线。瞄准时,应先用望远镜筒外的准星大致照准觇标处的灯光,再调焦对光,并用矿灯照亮十字丝和读数窗,才

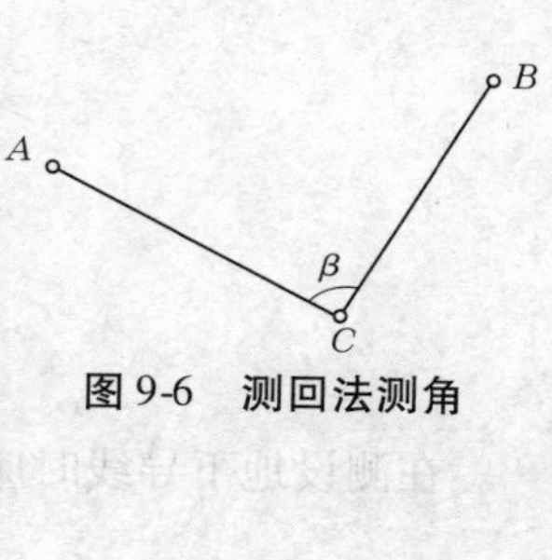

图 9-6　测回法测角

能精确瞄准和读数。其观测步骤和记录与地面测角相同（参见本书第三章），这里不再详述。

2. 全站仪测角

全站仪相对于经纬仪来说，其主要特点是其测角设备采用了编码度盘、光栅度盘或计时测角度盘，实现了电子数字化自动读角，同时具有光电测距仪的功能，能同时量测角度和距离。充分利用全站仪的微处理机可以实现一些固定的算法，为测量和放样提供了很大的便利。

根据所给的已知坐标开始导线测量，采用全站仪进行测角。每次建立新导线点时，都必须检测前一个“旧点”，确认没有发生位移后，才可以发展新点。将全站仪安置在起始点（如 *B* 点），挂上垂球线，然后进行点上对中和整平，并量取仪器高（从顶板测点往下量至仪器横轴中心），初始化设置各参数。分别将后视点、前视点挂上棱镜，量取觇标高（从顶板测点往下量至棱镜标志处）和棱镜至底板的距离。然后将所量的仪器高、棱镜高、已知坐标点高程输入仪器中开始测量，先照准后视棱镜的中心点，负责后视的人员要用手电筒照准棱镜上端的麻绳，以便观测人员照准棱镜中心，测完后视，然后看前视，也是用同样的方法。然后将所测出的数据报给记录人员，记录人员必须回报听到的数据，两个人相互核对没有错误再记录在记录本上，以免发生错误。

二、井下边长测量

井下导线的边长通常是用钢尺直接丈量的。随着科学技术的迅速发展和光学电子仪器制造水平的提高，现已应用电磁波物理测距方法来测量井下导线边长。

（一）井下钢尺量距

井下钢尺量距所采用的工具包括钢尺、拉力计、温度计。

井下多采用悬空丈量边长的方法（见图 9-7）。具体做法是在前、后视所挂垂球线上用大头针或小钉做出标志，作为测量倾角时，经纬仪望远镜十字丝水平中丝瞄准的目标和钢尺量边时的端点。丈量边长时，钢尺的一端刻划对准经纬仪的镜上中心或横轴中心，另一端用拉力计施加钢尺比长时的标准拉力 P_0，并对准垂球线上的大头针处的钢尺读数，要估读到毫米。每尺段以不同起点读数三次，三次所测得长度互差不得大于 3 mm。导线边长必须往、返丈量，丈量结果加入各种改正数之后的水平边长互差不得大于边长的1/6 000。

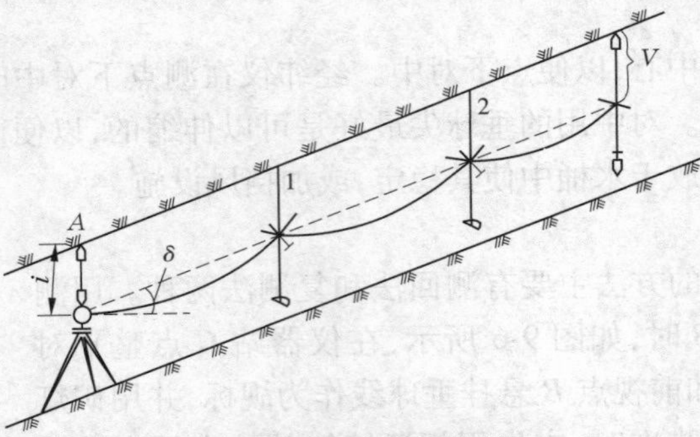

图 9-7　悬空丈量边长

在测设地下导线时应注意边长测量中，采用钢尺悬空丈量时，除加入尺长、温度改正外，还应加入垂曲改正。

(二)井下测距仪量距

井下测距仪量距主要采用全站仪,在测距的同时应测定气象元素,测定气压读至 100 Pa,气温读至 1 ℃。每条边的测回数不得少于两个,采用单向观测或往返观测时,其限差为:一个测回内 4 个读数之间较差不大于 10 mm;单程测回间较差不大于 15 mm;往返(或不同时间)观测同一边长时,换算为水平距离后的互差不得大于 1/6 000。

当采用电磁波测距仪时,应经常拭净镜头及反射棱镜上的水雾。当坑道内水汽或粉尘浓度较大时,应停止测距,避免造成测距精度下降。洞内有瓦斯时,应采用防爆测距仪。当测距仪(或全站仪)测距固定误差较大时(如 $5\ mm + 3 \times 10^{-6}$),为保证测距精度,边长很短时应采用钢尺量边。在矿山的重要贯通工程中,还应对导线边长加入归化到投影水准面和投影到高斯-克吕格投影面的改正。

三、井下平面控制测量的实施

(一)选点和埋石

选择导线点埋设的地点时,应全面考虑下列各项要求:

(1)前后导线点通视良好,且便于安设仪器,并应尽可能使点间的距离大些。

(2)为了不影响或少影响运输,应将点设在巷道的一边。

(3)导线点应当选在巷道稳定、安全、便于安置仪器进行观测的地方,避开淋水、片帮落石和其他不安全因素。

(4)巷道的连接处和交叉口处应埋设导线点。

选点工作通常由 3 个人完成,在保证相邻点通视的条件下,同时选出后视、中间测站和前视 3 个点,先确认后视点和中间点,固定并标记,前视点需待 3 人继续往前选点后再做最后确认。永久点至少应当在观测前一昼夜埋设好,待混凝土将点铁芯牢固后再开始测量。选点和埋石完成后,需要绘制永久点位置的详细草图和点之记,附于永久导线点坐标成果表上。

(二)测角和量边

1. 组织及注意事项

井下测角一般需要 4 人:1 人观测,1 人记录,前、后视照明各 1 人。量边需要 5 人:2 人拉尺,2 人读数,1 人记录并测定温度。

在测设井下导线时应注意以下事项:

(1)地下导线应尽量沿线路中线(或边线)布设,边长要接近等边,尽量避免长短边相接。导线点应尽量布设在施工干扰小、通视良好且稳固的安全地段,两点间视线与坑道帮的距离应大于 0.2 m。对于大断面的长隧道,可布设成多边形闭合导线或主副导线环。有平行导坑时,平行导坑的单导线应与正洞导线联测,以资检核。

(2)在进行导线延伸测量时,应对以前的导线点进行检核测量,在直线地段,只做角度检测,在曲线地段,还要同时做边长检核测量。

(3)由于地下导线边长较短,因此进行角度观测时,应尽可能减小仪器对中和目标对中误差的影响。当导线边长小于 15 m 时,在测回间仪器和目标应重新对中。应注意提高照准精度。

(4)凡是构成闭合图形的导线网(环),都应进行平差计算,以便求出导线点的新坐标值。

2.“三联架”法导线测量

“三联架”法:仪器头和棱镜觇标可以共用相同的基座与三脚架,每个三脚架连同基座可整平对中一次,在搬站时只需移动仪器头和棱镜觇标,不必移动三脚架和基座。施测时将全站仪安置在第 i 站的基座中,棱镜分别安置在后视点 $i-1$ 和前视点 $i+1$ 的基座中,进行导线测量,分别读取 5 个观测值:水平角 β、距离 S、竖角 α、仪器高 i、目标高 v。当测完一站向下一站迁站时,导线点 i 和点 $i+1$ 上的脚架和基座不移动,只是从基座上取下全站仪和带有觇牌的反射棱镜,将全站仪安置在第 $i+1$ 站的基座上,第 i 站上则安置棱镜,再将第 $i-1$ 站的仪器迁到第 $i+2$ 站,随后再如前一站进行观测,直到整条导线测量完毕。

“三联架”法是一种提高导线测角和测距精度的导线测量方法。为了减弱仪器对中误差和目标偏心误差对测角和测距的影响,一般使用三个既能安置全站仪又能安置带有觇牌(反射棱镜)的基座和脚架,基座具有通用光学对中器。

3.“四架法”导线测量

采用三架法时,当观测完第 i 站后,后视点 $i-1$ 的三脚架和基座需移动到新的前视点 $i+2$ 去整平对中,不但搬站距离比较远,且寻找 $i+2$ 点和整平对中都需要时间,可能出现后视点和测站准备完毕等待前视的情况,影响了导线外业测量的效率和进度。若人手充足,可以再配备一个三脚架和基座,当仪器在第 i 站观测时,第四个三脚架和基座提前在 $i+2$ 号点整平对中,待第 i 站观测完毕,可马上将后视、测站和前视仪器往前顺移,这样大大缩减了搬站时间,提高了测量效率。由于“四架法”所配备的仪器、人员均有所增加,比较适用于突击性导线测量和为了赶进度时采用。

四、井下平面控制测量的内业处理

在内业计算开始之前,要重新仔细检查外业观测记录是否超限、是否有漏测、漏记、记错、算错等问题。记录手簿经检查无误,确认各观测成果符合《煤矿测量规程》的规定后,方可进行内业计算。

(1)分别按往、返测成果计算导线最末边的方位角 α_1 和 α_2。

(2)计算并检核角度闭合差 $f_\beta=\alpha_1-\alpha_2$。

(3)分配角度闭合差,若往测和返测的中间导线点不完全重合,则角度闭合差应分别分配,即往测和返测各分配 $f_\beta/2$。

(4) 按分配闭合差后的水平角推算往、返测各边的方位角。

(5) 计算坐标增量和往、返测坐标增量闭合差。

(6) 计算并检核坐标相对闭合差 K。

(7) 分配坐标闭合差。

(8) 分别计算往测和返测各导线点的坐标。

第三节 井下高程控制测量

一、概述

(一)井下高程测量的任务

井下高程控制测量的任务是测定地下坑道中各高程点的高程,建立一个与地面统一的地下高程控制系统,作为地下工程在竖直面内施工放样的依据,解决各种地下工程在竖直面内的几何问题。其具体任务主要有:

(1)建立井下高程控制:在井下主要巷道内精确测定高程点和永久导线点的高程。

(2)给定巷道在竖直面内的方向。

(3)确定巷道底板的高程。

(4)检查主要巷道及运输线路的坡度和测绘主要运输巷道的剖面图。

(二)井下高程测量的特点

地下水准测量和地下三角高程测量,其特点为:

(1)高程测量线路一般与地下导线测量的线路相同。在坑道贯通之前,高程测量线路均为支线,因此需要往返观测及多次观测进行检核。

(2)通常利用地下导线点作为高程点,高程点可埋设在顶板、底板或边墙上,也可以设在井下固定设备基础上。设置时应考虑使用方便并选在巷道不易变形的地方。设在巷道顶、底板的水准点构造与永久导线点相同,井下所有高程点应统一编号并明显地标记在点的附近。

(3)在施工过程中,为满足施工放样的需要,一般是低等级高程测量给出坑道在竖直面内的掘进方向,然后进行高等级的高程测量进行检测。每组永久高程点应设置三个,永久高程点的间距一般以300~500 m为宜。

(三)井下高程测量的方法

井下高程测量在主要水平运输巷道内,一般采用精度不低于S_3级的水准仪进行井下水准测量;在其他巷道中可根据巷道坡度的大小、工程的需要等具体情况,灵活选用水准测量或三角高程测量测定。一般巷道倾角小于5°时采用水准测量;倾角在5°~8°时既可以选用水准测量,也可以采用三角高程测量;在倾角大于8°时一般采用三角高程测量。

在进行井下高程测量之前,应在井底车场和主要巷道内预先设置好水准点。从井底车场高程起算点开始,沿井底车场和主要巷道逐段向前敷设,每隔300~500 m设置一组高程点,每组至少应由三个点组成,其间距以30~80 m为宜,永久点也可作为高程点使用。

水准点可设在巷道的顶板、底板或两帮上,也可以设在井下固定设备的基础上。设置时应考虑使用方便,并选在巷道不易变形的地方。设在巷道顶、底板的水准点构造与永久点相同。井下所有高程点应统一编号,并将编号明显地标记在点的附近。

二、水准测量

(一)水准测量的实施

井下水准路线敷设形式主要有支水准路线、附合水准路线、闭合水准路线。

井下水准测量的目的主要是测出相邻两点的高差，方法和地面水准测量一致，仪器安设在两点中间，前、后视放水准尺，鉴于井下特殊环境，需要辅助照明设备。每个测站观测流程为：粗平—瞄准—精平—读数，具体操作参考本书第二章水准测量。

地下水准测量的作业方法同地面水准测量，测量时应使前、后视距离相等。由于坑道内通视条件差，仪器到水准尺的距离不宜大于 50 m。水准尺应直接立于导线点（或高程点）上（注意：当水准点设在巷道顶板上时，要倒立水准尺，尺底端顶住水准点），以便直接测定点的高程。测量时每个测站应进行测站检核，即在每个测站上应用水准尺黑、红面进行读数。若使用单面水准尺，则应用两次仪器高进行观测，所求得高差的差数不应超过 ±3 mm。高差计算公式和地面相同，但当高程点在顶板上时，要倒立水准尺，以尺底零端顶住测点，读数应作为负值代入公式中进行计算。对于水准支线，要进行往返观测，当往返测不符值在容许限差之内时，则取高差平均值作为其最终值。

当一段水准路线施测完后，应及时在现场检查外业记录手簿。主要检查内容包括：表头和记录是否完全；是否有漏算和算错；各项限差是否合格；顶、底板的水准点是否备注等。

（二）井下水准测量高差的计算

由于井下水准点有的设于巷道的顶板上，有的设于巷道的底板上，因此可能出现如图 9-8所示的4 种竖尺情况。但水准测量步骤和记录形式相同，只需做到水准尺倒立时读数记录为负值。两点间高差的计算也与地面水准测量一样。

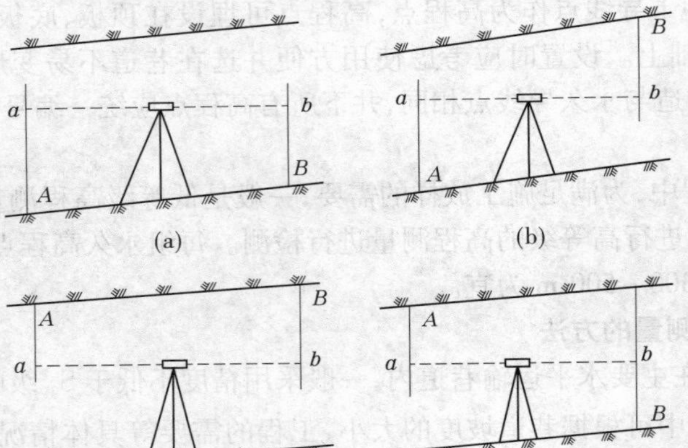

图 9-8　巷道中的竖直情况

如图 9-8(a)所示，假设水准仪中瞄准 A 尺时读数为 a，瞄准 B 尺时读数为 b，则图 9-8(b)中 A、B 水准尺读数分别记录为 a、$-b$；图 9-8(c)中 A、B 水准尺读数分别记录为 $-a$、$-b$；图 9-8(d)中 A、B 水准尺读数分别记录为 $-a$、b。

相邻水准点之间的高差计算公式为

$$h = a - b$$

当求得各点间的高差及各项限差都符合规定后，再将高程闭合差进行平差计算，求得各测点的高程。

(三)水准测量的内业处理

闭合和附合水准路线的闭合差,可按边长成正比分配。复测支线终点的高程,应取两次测量的平均值。高差改正后,可根据起始点的高程推算各导线点的高程。两水准点之间往返测高差较差不超过 $\pm 50\sqrt{R}$ mm,闭合、附合水准路线单程测量,闭合差不超过 $\pm 50\sqrt{L}$ mm。

(四)巷道剖面图的绘制

为了检查平巷的铺轨质量或为平巷改造提供设计依据,需进行巷道纵剖面图的绘制(见图 9-9),这一工作一般是在水准测量过程中同时完成的。

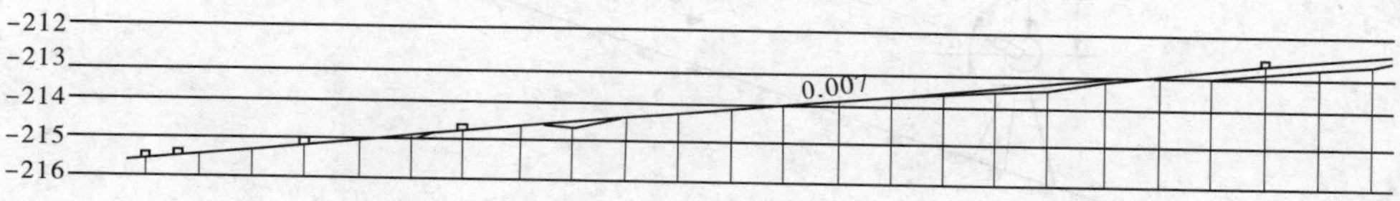

坡度/距离	0.005/20	0.006/20	0.008/20	0.003/20	0.008/60	0.006/20	0.007/20	0.006/40	0.008/20	0.002/20	0.009/20	0.006/20	0.008/20	0.005/20	0.007/100	0.008/20

测点编号	实测与设计高程
0	-215.553
1	-215.553 -215.455
2	-215.413 -215.341
3	-215.273 -215.186
4	-215.133 -215.122
5	-214.993 -214.966
6	-214.853 -214.814
7	-214.713 -214.654
8	-214.573 -214.538
9	-214.433 -214.395
10	-214.293 -214.276
11	-214.153 -214.159
12	-214.013 -213.996
13	-213.873 -213.956
14	-213.733 -213.777
15	-213.953 -213.858
16	-213.453 -213.492
17	-213.313 -213.388
18	-213.173 -213.245
19	-213.033 -213.113
20	-212.893 -212.967
21	-212.753 -212.820
22	-212.613 -212.677
23	-212.473 -212.522
	-212.333

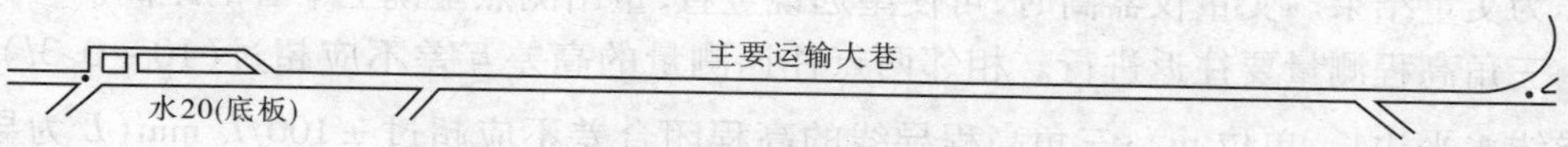

图 9-9　巷道剖面图

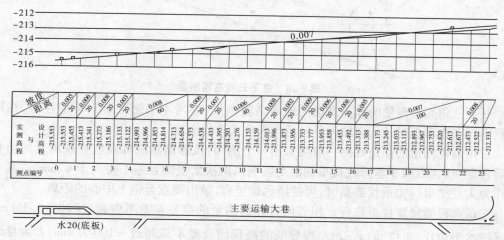

具体做法是:先用皮尺沿轨面(或底板)每隔 10 m 或 20 m 标记一个临时测点(中间点),并将其标设在巷道两帮上,以便调整坡度放腰线时使用。这些测点要统一编号。施测时在每测站上先用两次仪器高测出转点间的高差,符合要求后,再利用第二次仪器高,依次读取中间点上水准尺读数。内业计算时,先根据后视点的高程和第二次仪器高时的后视点水准尺读数,求出仪器视线高程;再由仪器视线高程减去各中间点上的水准尺读数,即为各中间点的高程。

巷道剖面图绘制要求:

(1)水平比例尺一般为 1∶2 000、1∶1 000、1∶500,对应的竖直比例尺一般为 1∶200、1∶100、1∶50。

(2)按水平比例尺画出表格,表中填写测点编号、测点间距、测点的实测高程和设计高程、轨道面的实际坡度。

(3)在表格的上方,绘出巷道的纵剖面图。绘图时,先按竖直比例尺绘出水平线,注明高程,绘出测点的水平投影位置,按照测点的实际高程和选定的竖直比例尺绘出竖直面上的位置,然后用直线将这些位置点连接起来,便可以得到巷道的实测纵剖面线。

(4)在表格的下方绘出该巷道的平面图,并且在图上绘出高程基点和永久点的位置。

经剖面测量后,如巷道轨面的实际坡度与设计的相差太大,则应进行调整。为了减少调整工作量,根据巷道的具体情况,在不影响运输的前提下,可适当改变原设计坡度,分段进行调整,但应与有关人员商定。巷道坡度调整后,测量人员应按调整的坡度要求,标设巷道的腰线。

(五)井下三角高程测量

井下三角高程测量一般是与经纬仪导线测量同时进行的。施测方法如图 9-10 所示。

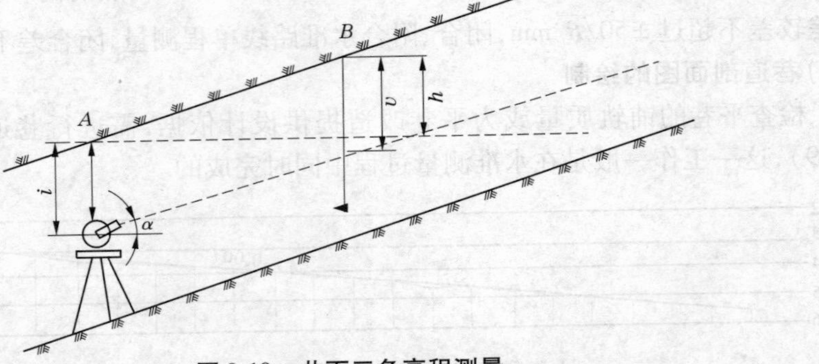

图 9-10 井下三角高程测量

井下三角高程测量的作业方法同地面高程测量(参考本书第三章),但应注意,在计算过程中当点在顶板时,i、v 应加入负号后代入公式进行运算。

三角高程测量的倾角观测一般可采用一个测回,仪器高和觇标高应在观测开始前和结束后各量一次(以减少垂球线荷重的渐变影响),两次丈量的互差不得大于 4 mm,取其平均值作为丈量结果。丈量仪器高时,可使望远镜竖直,量出测点至镜上中心的距离。

三角高程测量要往返进行。相邻两点往返测量的高差互差不应超过$(10+0.3l)$mm(l 为导线水平边长,单位 m);三角高程导线的高程闭合差不应超过 $\pm 100\sqrt{L}$ mm(L 为导线长度,单位 km)。当高差的互差符合要求后,应取往返测高差的平均值作为一次测量结果。闭合和附合高程路线的闭合差,可按边长成正比分配。复测支线终点的高程,应取两次测量的平均值。高差经改正后,可根据起始点的高程推算各导线点的高程。

第四节 矿井联系测量

联系测量:将矿区地面平面坐标系统和高程系统传递到井下,使井上下能采用同一坐标系统所进行的测量工作。矿井联系测量的目的是使地面和井下测量控制网采用同一坐标系。

联系测量的任务:

(1)确定井下导线起算边的坐标方位角。

(2)确定井下导线起算点的平面坐标 x 和 y。

(3)确定井下水准基点的高程 H。

矿井平面联系测量的方法主要分为几何定向和物理定向两种,几何定向又分为一井定向和两井定向两种,物理定向即陀螺定向。

一、基点的测设

(一)选点埋石要求

为了满足矿井建设和生产的需要,建立矿井上、下统一坐标系统,还需在矿井工业广场井筒附近布设平面控制点和高程控制点,即我们通常所说的近井点和井口水准基点。

近井点可在矿区三、四等三角网,测边网或边角网的基础上,用插网、插点和敷设经纬仪导线等方法测设。近井点的精度,对于测设它的起算点来说,其点位中误差不得超过±7″,后视边方位角中误差不得超过±10″。井口水准基点应按四等水准测量的精度要求测设。此外,近井点和高程水准基点的布设还要满足以下要求:

(1)尽可能埋设在便于观测、保存和不受开采影响的地点。

(2)近井点至井口的联测导线边数应不超过3条。

(3)高程水准基点应不少于两个(近井点可作为高程水准基点)。

(4)多井口矿井的近井点应统一合理布置,尽量使相邻井口的近井点构成导线网中的一个边,或力求间隔的边数最少。

(5)在点的周围宜设置保护桩、栅栏或刺网,在标石上方宜堆放高度不小于0.5 m的碎石。

(6)在近井点及与近井点直接构成导线网边的点上,宜用角钢或废钻杆等材料建造永久觇标。

(二)观测及精度要求

近井点可在矿区三、四等三角网,测边网或边角网的基础上,用插网、插点、敷设经纬仪导线(钢尺量距或光电测距)或GPS定位等方法测设。

近井点的精度,对于测设它的起算点来说,其点位中误差不得超过±7 cm,后视边方位角中误差不得超过±10″。井口高程基点的高程精度应满足两相邻井口间进行主要巷道贯通的要求。由于两井口间进行主要巷道贯通时,在高程上的允许偏差不超过±0.2 m,其中误差不超过±0.1 m,一般要求两井口水准基点相对的高程中误差引起贯通点K在Z轴方向的偏差中误差应不超过±0.03 m。所以,井口高程基点的高程测量,应按四等水准测量的精度要求测设。在丘陵和山区难以布设水准路线时,可用三角高程测量方法测定,但应使高程中误差不超过±3 cm,不涉及两井间贯通问题的高程基点的高程精度不受此限。

(三)GPS的应用

利用全球定位系统进行定位测量的技术和方法称全球定位系统测量,即导航卫星测时和测距的简称,通常简写为GPS。在大地测量、工程测量、地籍测量、航空摄影测量等领域显示出良好的应用潜力和效益。

利用GPS卫星定位测量测设近井点时,近井点应埋设在视野开阔处,点周围视场内不应有地面倾角大于10°的成片障碍物。同时,应避开高压输电线、变电站等设施,其最近不得小于200 m。

测量可采用静态定位法。静态定位能够通过大量的重复观测来提高定位精度。GPS测量必须按我国测绘局发布的《全球定位系统(GPS)测量规范》(GB/T 18314—2009)进行。《全球定位系统(GPS)测量规范》(GB/T 18314—2009)将GPS网点划分为A、B、C、D、E五个等级。其中D级和E级分别相当于常规测量的国家三等点和四等点,近井点测设可采用上述等级。有关技术标准见表9-3。

表 9-3　D、E 级技术要求

等级	平均边长(km)	仪器要求	精度指标(mm) a	精度指标(mm) b	图形强度(PDOP)	观测时段个数	观测时长(min)	卫星高度角值(°)
D	10～5	单频或双频	10	10	10	≥1.6	60	15
E	5～2	单频或双频	10	20	10	≥1.6	40	15

二、平面联测导线的测设

在进行矿井平面联系测量中，传递坐标和方位角的误差对井下工程质量有着重大的影响。

如图 9-11 所示，由于联系测量误差影响使点 1 偏离距为 e，其他各点偏离同一距离 e，坐标传递误差 e 对于井下起始点和井下最远点的影响程度相同，即相当于整个导线整体平移了一段距离 e。

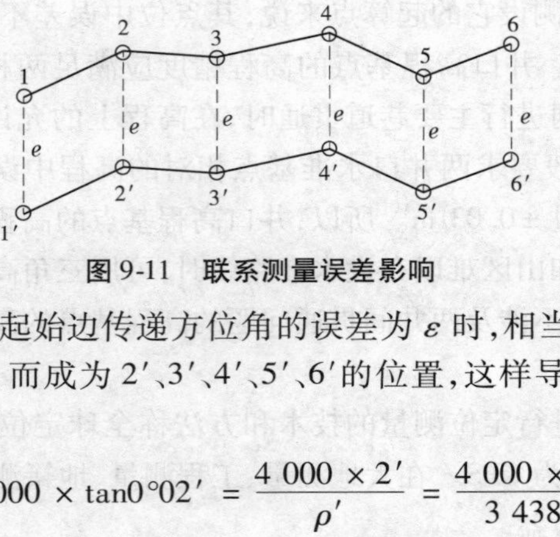

图 9-11　联系测量误差影响

如图 9-12 所示，当井下起始边传递方位角的误差为 ε 时，相当于整个导线以井下起始点 1 为圆心转动一个角度 ε 而成为 2′、3′、4′、5′、6′的位置，这样导线延伸越长，影响越大。假定 $\varepsilon = 2'$，$S_6 = 4\ 000$ m，则

$$e_6 \approx S_6 \tan\varepsilon = 4\ 000 \times \tan 0°02' = \frac{4\ 000 \times 2'}{\rho'} = \frac{4\ 000 \times 2}{3\ 438} = 2.32(\mathrm{m})$$

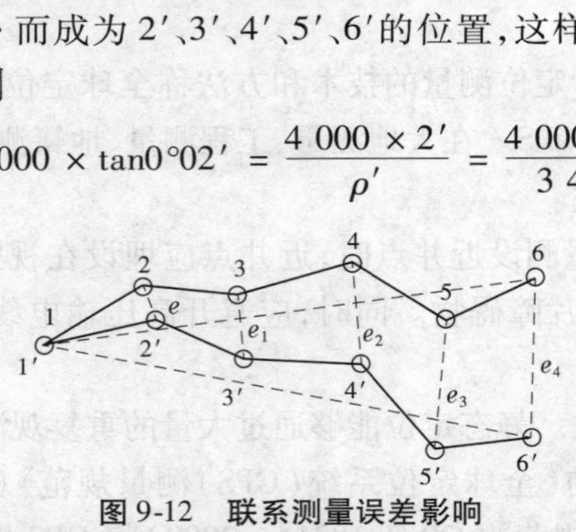

图 9-12　联系测量误差影响

由此可见，离起点越远，由方位角引起的导线点点位误差就越大，故方位角的传递误差对井下测量的影响是相当大的。

正因为如此，我们在进行平面联系测量时要尽可能减小方位角的传递误差，以方位角的传递为主。这也是矿井平面联系测量又简称为“定向”的原因。

三、一井定向

(一)概念

通过一个立井的几何定向,叫一井定向。一井定向是在一个井筒内悬挂两根钢丝,将地面点的坐标和边的方位角传递到井下的测量工作。

立井定向概要的说,就是在井筒内悬挂钢丝垂线,钢丝的一端固定在地面,另一端系有专用的垂球自由悬挂于定向水平,再按地面坐标系统求出垂线的平面坐标及其连线的方位角,在定向水平上把垂球线与井下永久点连接起来,这样便能将地面的方向和坐标传递到井下,而达到定向的目的。因此,立井定向的工作主要分为两部分:由地面向定向水平投点(简称投点);在地面和定向水平上与垂球线连接(简称连接)。

(二)投点

投点是在井筒中悬挂垂线至定向水平,然后利用悬挂的两根钢丝将地面的点位坐标和方位角传递到井下。

投点所需的设备和安装系统如图 9-13 所示,缠绕钢丝的手摇绞车固定在出车平台上,钢丝 2 通过安装在井架横梁上的导向滑轮 1,自定点板 3 的缺口挂下,定点板固定在专用的木架 4 上,用以稳住垂线悬挂点的平面位置,使其不受井架振动的影响。在钢丝的下端挂上垂球 5,并将它置于盛有稳定液的水桶 6 中。

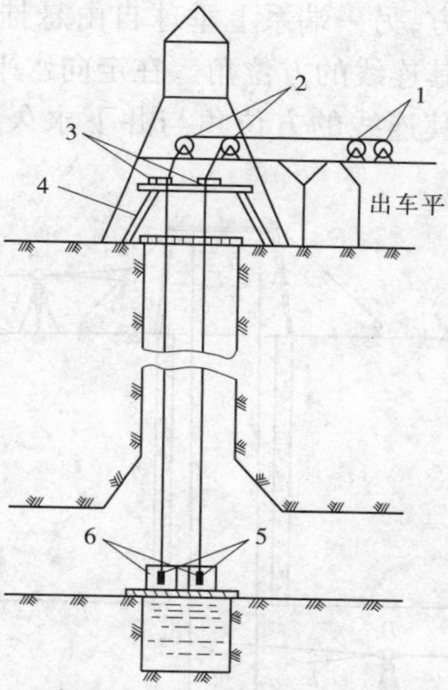

1—导向滑轮;2—钢丝;3—定点板;4—支架;5—垂球;6—水桶

图 9-13 一井定向

(1)手摇绞车:绞车各部件的强度应能承受 3 倍投点时的荷重,绞车应设有双闸。

(2)钢丝:应采用直径为 0.5 ~ 2 mm 的高强度优质碳素弹簧钢丝,钢丝上悬挂的垂球质量应为钢丝承重能力的 60% ~70%。

(3)定线板:用铁片制成,定向时也可不用定点板。

(4)支架:一般为木质,起固定作用。

(5)垂球:以对称砝码式的垂球为好,每个圆盘质量最好为 10 kg 或 20 kg。当井深小于 100 m 时,采用 30 ~ 50 kg 的垂球;当超过 100 m 时,则宜采用 50 ~ 100 kg 的垂球。

(6)水桶:用以稳定垂球线,一般可采用废汽油桶,水桶上应加盖。

在由地面向井下定向水平投点时,由于井筒内风流、滴水等因素的影响,使钢丝的井上、井下位置不在同一铅垂线上而产生的误差称为投点误差。由投点误差引起的两垂球线连线的方向误差,称为投向误差。

要减小投向误差,必须加大两垂线间的距离和减小投点误差。但由于井筒直径有限,两垂线间的距离不能无限增大,一般不超过 3 ~5 m。因此,在投点时必须采取措施减小投点误差。

减小投点误差的措施:

(1)采用高强度、小直径的钢丝,加大垂球质量,减小对风流的阻力。

(2)将垂球置于稳定液中,以减少钢丝摆动。

(3)测量时,关闭风门或暂停通风机,并给钢丝安上挡风套筒,以减小风流的影响。

(4)尽量增大两钢丝绳的间距。

(5)采取防水措施减小滴水的影响。

此外,挂上垂球后,还应检查钢丝是否自由悬挂。常见的检查方法有比距法(比较井上、下两钢丝间距)、信号圈法(自地面沿钢丝下放小铁丝圈,看是否受阻)、钟摆法(又称振幅法,使钢丝摆动,观察摆动周期是否正常)等。确认钢丝自由悬挂后,即可开始连接工作。

(三)连接

钢丝的一端固定在井口上方,另一端系上垂球自由悬挂至定向水平。再按地面坐标系统求出两根钢丝的平面坐标及其连线的方位角。在定向水平通过测量把在地面已求得的两根自由悬挂钢丝的平面坐标及其连线的方位角与井下永久点联系起来,这项工作称为“连接”,如图 9-14 所示。

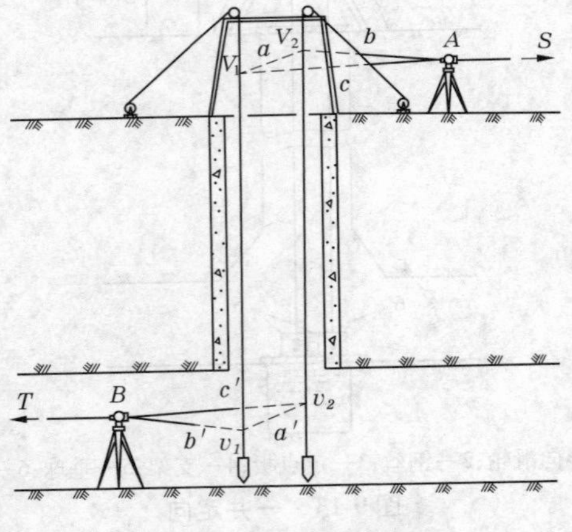

图 9-14　连接测量

连接测量分为地面连接测量和井下连接测量两部分。

(1)地面连接测量:在地面测定两钢丝的坐标及其连线的方位角。

(2)井下连接测量:在定向水平根据两钢丝的坐标及其连线的方位角确定井下导线起始点的坐标与起始边的方位角。

连接方法:一般采用连接三角形法。连接三角形法是在井上、下筒附近选定连接点 C 和 C',在井上、下形成以两垂线 AB 为公共边的两个三角形 ABC 和 ABC',称这两个三角行为连接三角形。

图 9-15 中三角形 ABC 和 ABC' 称为连接三角形。为了提高定向的精度，在选择井上、井下连接点 C、C' 时，应使连接三角形 $\triangle ABC$ 和 $\triangle ABC'$ 满足以下 3 个条件：

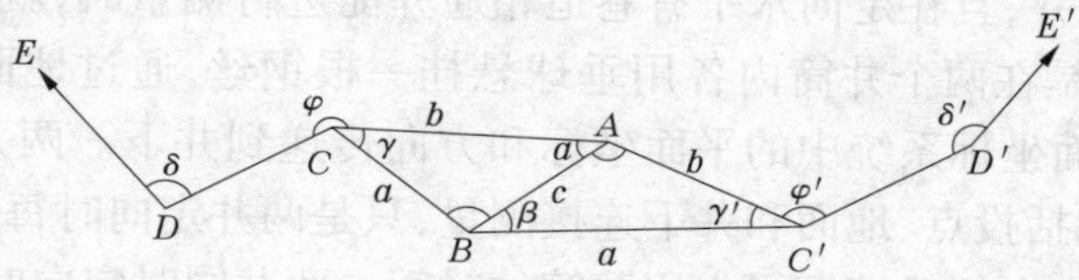

图 9-15　连接三角形

(1) 点 C 与点 D 及点 C' 与点 D' 要彼此通视，且边长 CD 与 $C'D'$ 要大于 20 m。

(2) 三角形的锐角 γ 和 γ' 要小于 2°，构成最有利的延伸三角形。

(3) a/c 与 b'/c' 的值要尽量小一些，一般应小于 1. 5 m。

连接三角形的测量方法：

(1) 测角：井上、下水平角测量。井上测 δ、φ 和 γ，井下测 δ'、φ' 和 γ'。

(2) 量边：井上量取 a、b、c、DC 的长，井下丈量 c、b' 和 a'、$D'C'$ 的长。

连接三角形的解算：

(1) 运用正弦定理，解算出 α、β、α'、β'。

$$\left.\begin{aligned}\sin\alpha &= \frac{a\sin\gamma}{c}, \quad \sin\beta = \frac{b\sin\gamma}{c}\\ \sin\alpha' &= \frac{a'\sin\gamma'}{C'}, \quad \sin\beta' = \frac{b'\sin\gamma'}{c'}\end{aligned}\right\}$$

(2) 将井上、下视为一条导线，如 $D—C—A—B—C'—D'$，按照导线的计算方法求出井下起始点 C' 的坐标及井下起始边 $C'D'$ 的方位角。

一井定向应独立进行两次，两次求得的井下起始边的方位角之差不得超过 1′，然后取两次定向的平均值作为最终定向成果。

（四）定向时的安全措施

(1) 在定向过程中，应劝阻一切非定向工作人员在井筒附近停留。

(2) 提升容器应牢固停妥。

(3) 井盖必须结实可靠地盖好。

(4) 对定向钢丝必须事先仔细检查，放提钢丝时，应事先通知井下，只有当井下人员撤出井筒后才能开始。

(5) 垂球未到井底或地面时，井下人员均不得进入井筒。

(6) 下放钢丝时应严格遵守均匀慢放等规定，切忌时快时慢和猛停，因为这样最易使钢丝折断。

(7) 应向参加定向工作的全体人员反复进行安全教育，以提高警惕。在地面工作的人员不得将任何东西掉入井内，在井盖工作的人员均应配戴安全带。

(8) 定向时，地面井口自始至终不能离人，应有专人负责井上、下联系。

四、两井定向

(一)概念

当矿井有两个竖井,且在定向水平有巷道相通并能进行测量时,就可采用两井定向(见图9-16)。两井定向是在两个井筒内各用垂球悬挂一根钢丝,通过地面和井下导线将它们连接起来,从而把地面坐标系统中的平面坐标和方向传递到井下。两井定向的外业测量与一井定向类似。也包括投点、地面和井下连接测量,只是两井定向时每个井筒只悬挂一根钢丝,这使投点工作更为方便且缩短了占用井筒的时间。两井同时定向时,两垂线之间的距离比一井定向大得多,由于两垂球线间的距离大大增加,故由投点误差引起的投向误差大大减小,井下起始方位角的精度也随之提高。同时,两井定向与一井定向相比,两钢丝间的距离大大增加,使投向误差明显减小。这是两井定向的最大优点。所以,凡有条件的矿井,在选择定向测量方案时,应首先考虑用两井定向。

同一井定向一样,两井定向的全部工作包括投点、连接和内业计算。在连接测量时必须测出井上、下导线各边的边长及其连接水平角;同时在内业计算时必须采用假定坐标系。

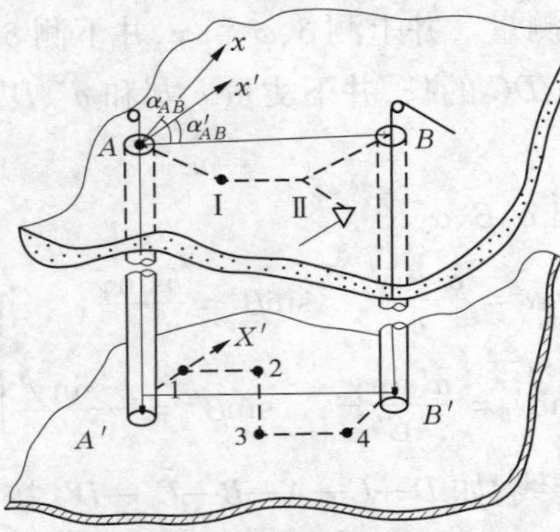

图9-16 两井定向

(二)投点

在两立井内各悬挂一根垂球线,投点的方法与一井定向相同,但因两井定向投点误差对方位角的影响小,投点精度要求较低,而且每个井筒上悬挂钢丝,所以投点工作比一井定向简单,用井时间短。

(三)连接

1. 地面连接

从近井点 K 分别向两垂球线 A、B 测设连接导线 $K-Ⅱ-Ⅰ-A$ 及 $K-Ⅱ-B$,以确定 A、B 两点的坐标和 AB 边的坐标方位角。连接导线敷设时,应使其具有最短的长度,尽可能沿两垂球线连线的方向延伸,因为此时量边误差对连线的方向不产生影响。导线可采用一级或二级导线测量方法测量。

2. 井下连接测量

在井下定向水平,测设经纬仪导线 $A'-1-2-3-4-B'$,导线可采用7″或15″基本控制导线测量的方法测量。

(四)两井定向的内业计算

两井定向是在两个井筒内各投下一个点,它们的坐标是通过地面连接导线测设后计算出来的。而到了井下，它们之间是不通视的，这样井下连接导线 $A'-1-2-3-4-B'$ 就形成一条无定向附合导线，如图 9-17 所示。

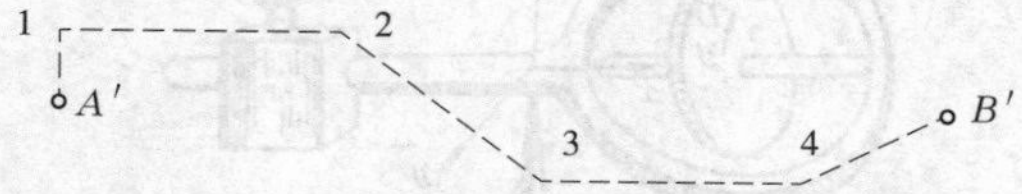

图 9-17　井下导线图

具体解算步骤如下：

(1)按导线计算方法，计算出地面两钢丝点 A、B 的坐标 (x_A, y_A)、(x_B, y_B)。

(2)计算两钢丝点 A、B 的连线在地面坐标系统中的方位角 α_{AB}。

$$\begin{cases} \alpha_{AB} = \arctan \dfrac{y_B - y_A}{x_B - x_A} \\ D_{AB} = \sqrt{\Delta x^2 + \Delta y^2} \end{cases}$$

(3)以井下导线起始边 $A'1$ 为 x' 轴，A 点为坐标原点建立假定坐标系(即 $x'_A = 0, y'_A = 0, \alpha'_{A1} = 0°00'00''$)，计算井下导线各连接点在此假定坐标系中的平面坐标，设 B 点的假定坐标为 (x'_B, y'_B)。

(4)计算 A、B 连线在假定坐标系中的方位角 α'_{AB}：

$$\alpha'_{AB} = \arctan \frac{y'_B - y'_A}{x'_B - x'_A} = \arctan \frac{y'_B}{x'_B}$$

(5)计算井下起始边在地面坐标系统中的方位角 $\alpha_{A'1} = \alpha_{AB} - \alpha'_{AB}$，若 $\alpha_{A'1}$ 为负数则加上 360°。

(6)根据 A 点的坐标 (x_A, y_A) 和计算出的方位角 $\alpha_{A'1}$，计算出井下导线各点在地面坐标系统中的坐标和方位角。

五、陀螺经纬仪定向

(一)概念

陀螺经纬仪是把陀螺仪和经纬仪结合起来用作定向的一种仪器，简称陀螺仪。根据其连接形式可分为上架式陀螺经纬仪和下架式陀螺经纬仪两大类。上架式陀螺经纬仪即陀螺仪安放在经纬仪之上，下架式陀螺经纬仪即陀螺仪安放在经纬仪之下。现在常用的矿用陀螺经纬仪大都是上架式陀螺经纬仪。陀螺定向是运用陀螺经纬仪直接测定井下未知边的方位角。它克服了运用几何定向方法进行联系测量时占用井筒时间长、工作组织复杂等缺点，目前，已广泛应用于矿井联系测量和控制井下导线方向误差的积累。

陀螺经纬仪是根据自由陀螺仪(在不受外力作用时，具有三个自由度的陀螺仪)的原理而制成的。自由陀螺仪具有以下两个基本特性：

(1)定轴性：陀螺轴在不受外力作用时，它的方向始终指向初始恒定方向。如图 9-18 所示，左端为一可转动的陀螺，右端为一可移动的悬重，当调节悬重的位置使杠杆水平时，可以看到陀螺转动后，其轴线的方向始终保持不变，即体现陀螺的定轴性。

(2)进动性：陀螺轴在受到外力作用时，将产生非常重要的效应——“进动”。如图 9-18 所示，当将悬重向左移动一小段距离，即相当于陀螺轴受到一个向下的作用力时，陀螺转动后，杠杆将保持水平，但将在水平面上做逆时针方向的转动；同理，将悬重右移一小段距离，即陀螺轴受到一个向上的作用力时，陀螺转动后，杠杆仍保持水平，但将在水平面上做顺时

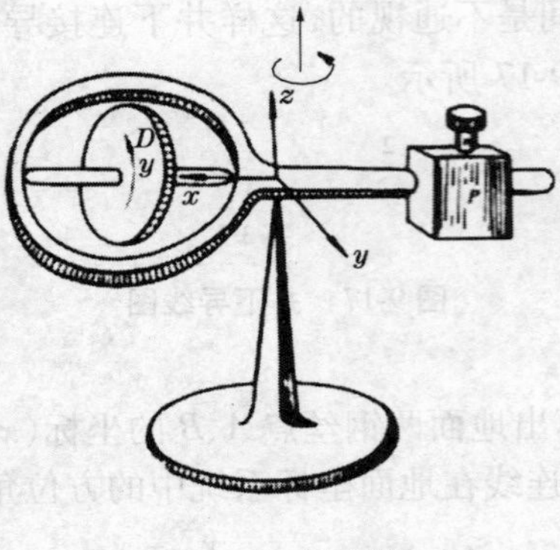

图 9-18　陀螺仪

针方向的转动，即体现了陀螺仪的进动性。

目前，常用的陀螺仪是采用两个完全自由度和一个不完全自由度的钟摆式陀螺仪。它是根据上述陀螺仪的定轴性和进动性两个基本特性，并考虑到陀螺仪对地球自转的相对运动，使陀螺轴在测站子午线附近做简谐摆动的原理而制成的。

（二）测量方法

陀螺仪定向的方法有两种：一种是用陀螺仪和测距仪测定每个边的方向和长度，往测时将陀螺仪和测距仪跳站安设，例如安设在单号点上，用陀螺仪测量前、后视边的方向后，再安设测距仪测前、后视边长；返测时则将仪器安设在双号点上，同样测量前、后视边的方向和边长。另一种是往测时，与前一种方式相同，而返测时只跳站安设测距经纬仪，测前、后视边长，但不安设陀螺仪测方向，而是按一般导线测量水平角。

用陀螺仪测角时，方法与用经纬仪相同；用光电测距仪在井下测距时，先在测站上安置仪器并接好电源线，在前、后视点上安置反射镜并照准测距仪，再用测距仪瞄准反射镜。然后打开电源开关，按仪器说明书规定的步骤和方法进行测距和测量天顶距或倾角，并测记气象参数。用不防爆的测距仪在井下测角时，一般是在进风的平硐、斜井或主要大巷中进行的。

测距时，应注意避免在测线两侧及镜站后方有反射物体。当巷道内充满炮烟时不宜测量，而且应在与仪器视线同高处测量温度和气压。同时注意不要让水淋湿仪器。当待测边较长时，要采用灯语。

（三）成果处理方法

采用陀螺仪进行测角量边，每边的坐标方位角都已知，在光电测距边加入气象等改正的斜距化算成平距后，便可按一般公式计算坐标增量及依坐标展点绘图。按第二种测设方式测设的导线，边长和坐标计算仍可按一般方法进行。但在计算各边方位角时，由于往返测时按陀螺仪所测方位角之差算得的水平角值，与返测时用经纬仪直接测得的水平角值之间存在差值，因此需要平差，平差可采用条件平差法。

六、高程导入

矿井高程联系测量又称导入标高，其目的是建立井上、下统一的高程系统。采用平硐或斜井开拓的矿井，高程联系测量可采用水准测量或三角高程测量，将地面水准点的高程传递到井下。

导入高程的方法随开拓方法的不同而分为：

(1)通过平硐导入高程。

(2)通过斜井导入高程。

(3)通过立井导入高程。

采用平硐或斜井开拓的矿井，高程联系测量可采用水准测量或三角高程测量，将地面水准点的高程传递到井下。采用竖井开拓的矿井则需采用专门的方法来传递高程。

(一)钢丝法导入高程

用钢丝导入高程时，因为钢丝本身不像钢尺一样有刻画，所以不能直接量出长度，须在井口设一临时比长台来丈量，以间接求出长度值。如图 9-19 所示，采用钢丝法导入高程时，首先应在井筒中部悬挂一钢丝，在井下端悬以重锤，使其处于自由悬挂状态；然后，在井上、下同时用水准仪测得 A、B 处水准尺上的读数 a 和 b，并用水准仪瞄准钢丝，在钢丝上做上标记；变换仪器高再测一次，若两次测得的井上、下高程基点与钢丝上相应标志间的高差互差不超过 4 mm，则可取其平均值作为最终结果。最后，可通过在地面建立的比长台用钢尺往返分段测量出钢丝上两标记间的长度，且往返测量的长度互差不得超过 $L/8\ 000$（L 为钢丝上两标志间的长度）。

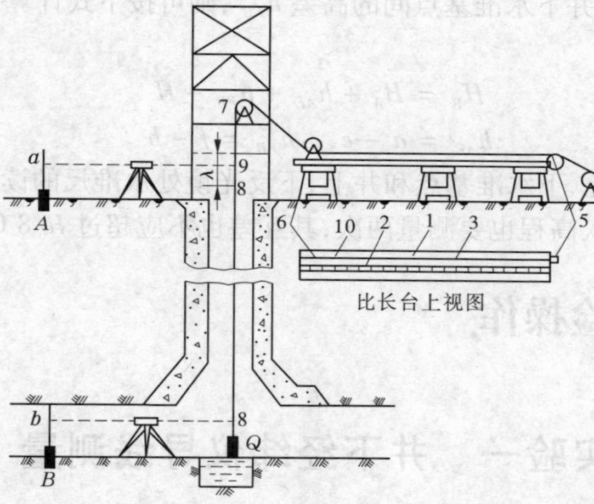

1—比长台；2—检验过的钢尺；3—钢丝；4—手摇绞车
5、6—小滑轮；7—导向滑轮；8—标夹线

图 9-19　钢丝法导入高程

(二)光电测距仪导入高程

光电测距仪导入高程不仅精度高，而且缩短了井筒占用时间。

如图 9-20 所示，在井口附近的地面上安置光电测距仪，在井口和井底的中部，分别安置反射镜；井上的反射镜与水平面成 45°夹角，井下的反射镜处于水平状态；通过光电测距仪分别测量出仪器中心至井上和井下反射镜的距离 l、S，从而计算出井上与井下反射镜中的高差：

$$H = S - l + \Delta l$$

式中，Δl 为光电测距仪的总改正数。

然后，分别在井上、下安置水准仪。测量出井上反射镜中心与地面水准基点间的高差

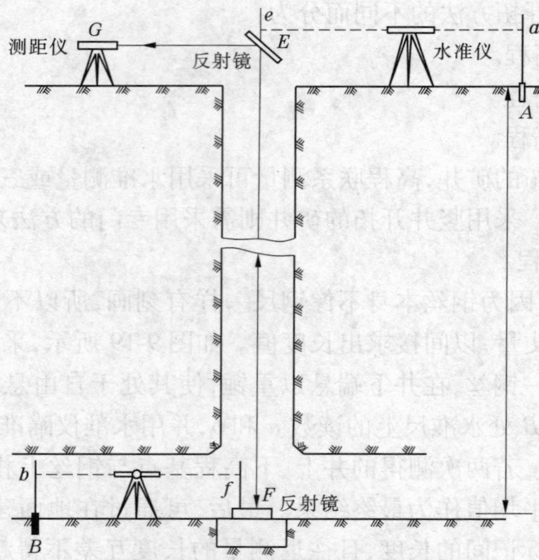

图 9-20　光电测距仪导入高程

h_{AE} 和井下反射镜中心与井下水准基点间的高差 h_{FB}，则可按下式计算出井下水准基点 B 的高程 H_B：

$$H_B = H_A + h_{AE} + h_{FB} - H$$

$$h_{AE} = a - e,\quad h_{FB} = f - b$$

式中，a、b、e、f 分别为井上、下水准基点和井上、下反光镜处水准尺的读数。

运用光电测距仪导入高程也要测量两次，其互差也不应超过 $H/8\ 000$。

第五节　实验操作

实验一　井下经纬仪导线测量

选择一实习矿井或地道(防空洞、救护队演习场所)作为实习基地。完成以下内容：

(1)在井下布设一条 30″采区控制导线。

(2)完成所布设导线的外业测量工作。

一、实验性质

综合性实验，实验学时数安排为 8 ~12 学时。

二、目的和要求

(1)了解测量工作在煤矿生产中的地位和作用。

(2)熟悉地面及井下主要测量工作的原理及基本方法，各种测量成果产生过程及质量标准等。

(3)掌握矿山测量所使用的主要仪器、工具的构造及操作方法。

三、仪器和工具

(1)每组经纬仪1套、垂球2个、大头针若干、钢尺1把、手电筒3个。

(2)自备铅笔、计算器。

四、方法步骤

(一)选点和设点

井下导线点一般设在巷道的顶板上。选点时至少两人,在选定的点位上用矿灯或手电筒目测,确认通视良好后即可做出标志并用油漆或粉笔写出编号。在巷道交叉口和转弯处必须设点。如图9-21所示,导线边长一般以30~70 m为宜,导线点设置在便于安置仪器的地方,点位设置应牢固。

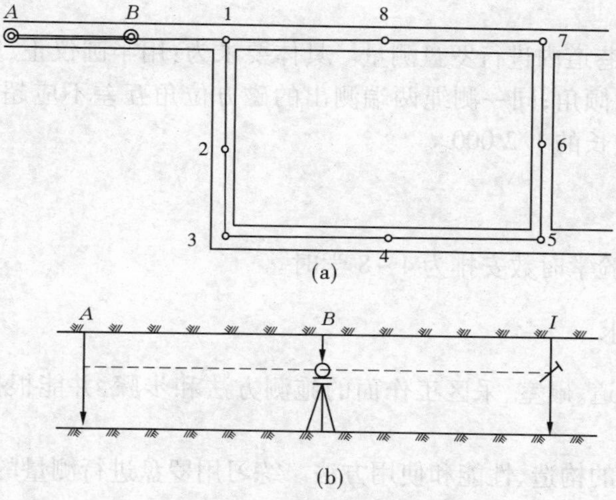

图9-21　井下导线测量

(二)测角

采用J_6级光学经纬仪用测回法按30″导线的规格即一个测回进行施测。

(1)将经纬仪安置在起始点(如*B*点)进行点下对中和整平,然后对好水平度盘的零位置。

(2)分别在*A*点、1号点上挂上垂球线,并在1号点的垂球线上用大头针做一标志。

(3)分别用盘左和盘右位置测出方向读数,记入手簿。盘左和盘右角值之差应小于60″,取其平均值作为结果。

(4)瞄准1点上的垂球线上用大头针做的标志,测出倾角(用正倒镜观测,取其中数)。

(5)量取仪器高(从顶板测点往下量至仪器横轴中心)和觇标高(从顶板测点往下量至大头针标志处)。

(三)量边

用经过检验的钢尺从仪器横轴中心悬空丈量至前视点大头针标志处,移动钢尺连续三次读数,往返丈量。

以上完成一个测站上的施测工作。同样方法,依次测出全部角度和边长。井下观测数据经检查无误后,便可进行内业计算,计算在表格中进行。

(四)注意事项

(1)井下选点时,一定要确保通视,避免仪器安置后观测困难。

(2)对中时,一定要将望远镜放水平(盘左时,竖盘读数应为90°,盘右为270°)。

(3)测角瞄准时,照明者最好用一张透明纸蒙在矿灯或电筒上,使其发出的光能均匀柔和地照明垂球线,便于瞄准观测。

(4)量边时,要注意钢尺悬空,拉力均匀,避免碰及其他物体。

实验二 井下碎部测量与挂罗盘测量

选择一实习矿井或地道(防空洞、救护队演习场所)作为实习基地。完成以下内容:

(1)用支距法和极坐标法对一巷道、硐室进行碎部测量,并绘制出大比例尺的巷道平面图和硐室平面图。

(2)在一条次要巷道内进行罗盘测量。具体要求为:用半圆仪正、反两个位置测出倾角后取平均值作为该边倾角;同一测绳两端测出的磁方位角互差不应超过2°;用皮尺往返量边的互差不得超过边长的1/2 000。

一、实验性质

综合性实验,实验学时数安排为4~8学时。

二、目的和要求

(1)掌握井下巷道、硐室、采区工作面的施测方法和步骤,并能根据观测资料绘制出图纸。

(2)了解罗盘仪的构造、性能和使用方法。练习用罗盘进行测量的方法、步骤和要领。

三、仪器和工具

(1)每组经纬仪1套、罗盘仪1套、半圆仪1套、钢尺1把、垂球若干、大头针若干、小卷尺1把、手电筒3个。

(2)自备铅笔、计算器。

四、方法步骤

(一)用支距法进行巷道碎部测量

巷道碎部测量一般与导线测量同时进行。当量边结束后,钢尺暂时拉着不动,如图9-22所示,丈量14至*A*点的边长时,零端对准14点,沿钢尺方向于巷道两帮的特征点处,用皮尺量出特征点距钢尺的距离(支距),并读出垂点处的钢尺刻划数,然后绘出草图。对于测站点、导线点,还应量出仪器中心距顶板、底板和左右两帮的距离(俗称量上、量下、量左、量右)。

(二)用极坐标法测量硐室

如图9-23所示,在硐室的顶板上凿一小孔,再打进木桩,并在桩面钉一铁钉作为导线点*B*,然后挂上垂球线。将经纬仪安置在导线点13上,后视12点测出β角,量出平距l_{13-B}。

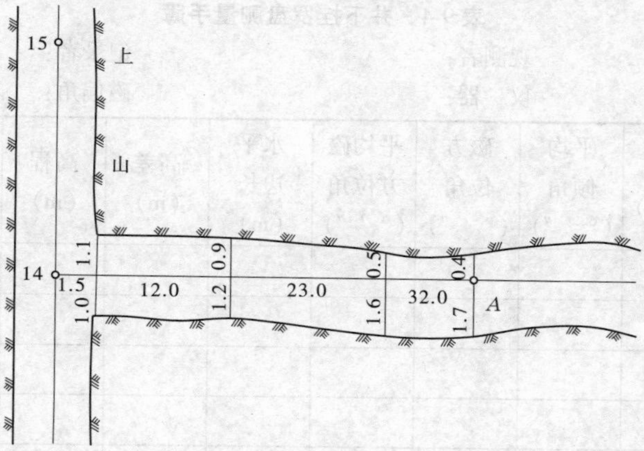

图 9-22　碎部测量

然后在 B 点安置经纬仪，以零方向对准 13 点，转动照准部逐一瞄准硐室各轮廓点，读出水平角值 β_i，用钢尺（或皮尺）量出水平距离 l_i，并绘出草图。

（三）挂罗盘测量的方法和步骤

1. 选点

如图 9-24 所示，从下平巷的经纬仪导线点 C 开始沿着次要巷道一号上山选定临时点 1、2、3、4 并附合在上平巷的 D 点上，在各点打上铁钉，用红漆编号并做出标志。

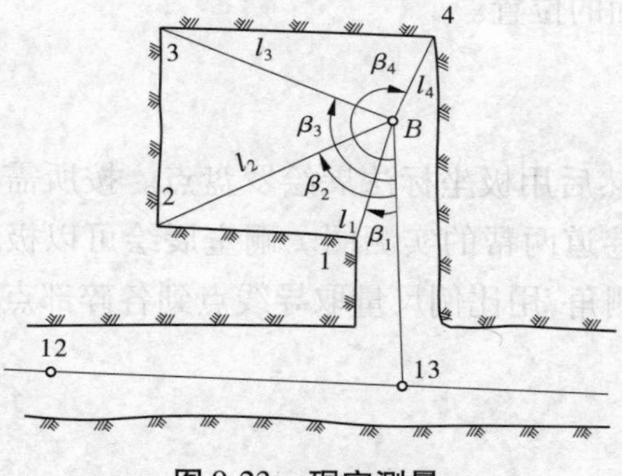

图 9-23　硐室测量

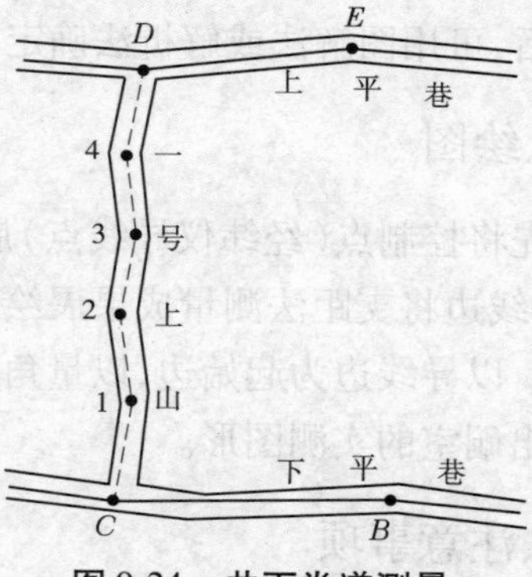

图 9-24　井下巷道测量

2. 挂测绳

从 C 点开始，依次在相邻两个铁钉上挂测绳，形成 $C1$、12、23、34、$4D$ 等边。

3. 测倾角

将两点间的测绳拉紧、拉直，在测绳两端的 1/3 处和 2/3 处挂半圆仪，分别测出两端倾角，取其平均值作为该边的倾角，记入表 9-4 中。

4. 测磁方位角

在测绳 $C1$ 的两端先后悬挂上罗盘，罗盘零刻划指向前进方向，即向着 1 点。松开磁针，待其稳定后，根据磁针北端读数，即为测线 $C1$ 的磁方位角，记入手簿。如果在测绳两端所测该边的磁方位角的较差未超限，则取其平均值作为该边的磁方位角，并记入表 9-4 中。

表 9-4　井下挂罗盘测量手簿

工作地点：　　观测者：　　记录者：

日　　期：　　仪　　器：　　磁偏角：

起至点	斜长（m）	倾角（° ′ ″）	平均倾角（° ′ ″）	磁方位角（° ′ ″）	平均磁方位角（° ′ ″）	水平边长（m）	高差（m）	高程（m）	备注和草图

5. 量边

用钢尺往返丈量边长，当较差不超过规定时，取其平均数作为该边长度，并记入表 9-4 中。

6. 碎部测量

在进行挂罗盘测量时，同时完成巷道的碎部测量，其方法与前面碎部测量方法相同。外业完成后，可用图解法或解析法确定巷道或工作面的位置。

五、绘图

首先将控制点（经纬仪导线点）展于图纸上，然后用极坐标法展绘罗盘点。按所需比例尺，沿导线边将支距法测量成果展绘在图上便得巷道两帮的实测图。硐室展绘可以极坐标法进行。以导线边为起始边，以量角器绘出各观测角，用比例尺量取导线点到各碎部点的距离便得出硐室的实测图形。

六、注意事项

（1）进行挂罗盘测量时，要特别注意避开磁性物质，以免影响观测成果质量。当无法避开时，则需将测磁方位角改为测量测线间夹角，如图 9-25 所示。

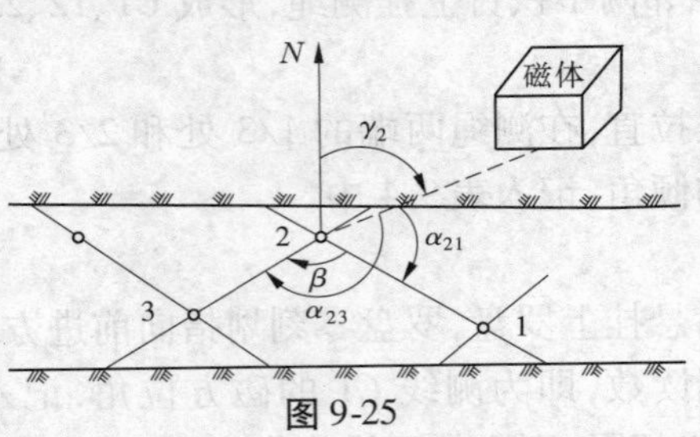

图 9-25

（2）点可选在两帮的棚子上，边长不宜过长，一般不应超过 20 m。

(3)各矿区应使用本地区的磁偏角进行磁方位角与坐标方位角的换算。

实验三　井下水准测量

选择一实习矿井或地道(防空洞、救护队演习场所)作为实习基地。完成以下内容:

应用井下Ⅰ、Ⅱ级水准测量方法施测巷道各点的高程。Ⅰ级水准测量要用双仪高法往返观测。Ⅱ级闭合或符合水准测量可采用双仪高法单程观测。Ⅱ级水准支线可采用一次仪器高往返观测。各测站的高差互差对于Ⅰ级水准测量不应超过 ±4 mm,Ⅱ级水准测量不应超过 ±5 mm。

一、实验性质

综合性实验,实验学时数安排为 4 ~8 学时。

二、目的和要求

(1)掌握井下水准测量的方法、步骤和要领。

(2)适应井下工作环境,锻炼动手能力。

三、仪器和工具

(1)每组水准仪 1 套、水准尺 2 把、手电筒 3 个。

(2)自备铅笔、计算器。

四、方法步骤

(一)选点

水准点可设在巷道顶板、底板或两帮上,如图 9-26 所示,也可用导线点代替水准点。

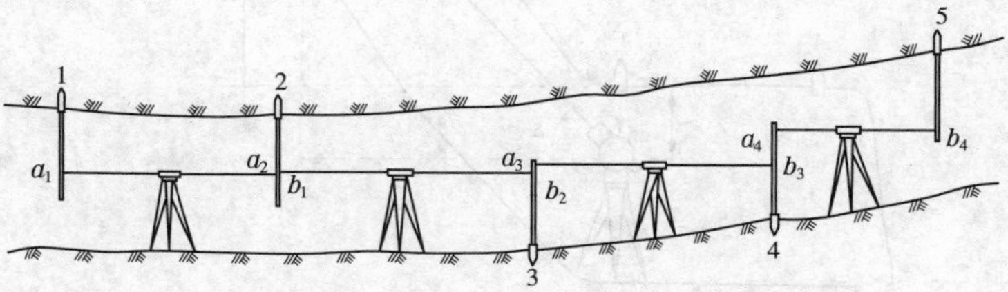

图 9-26　井下水准测量

(二)观测

井下水准测量与地面水准测量相比,其原理、实测方法和计算公式均完全相同,但井下水准测量时,因点设在顶板上,出现水准尺倒立现象,所以记录时应用符号注明,计算时在其读数前冠以“ - ”号。记录与计算格式见表 9-5。

五、注意事项

(1)在顶板上立尺时,一定要将尺的零端紧抵水准点,不能悬空。

(2)读数时,无论水准尺是正像还是倒像,其读数均应由小到大读数。

(3)使用矿用水准尺。

表 9-5　井下水准测量手簿

工作地点：__________　观测：__________　仪器：__________

日　　期：__________　记录：__________　扶尺：__________

测站	测点	水准尺读数		高差（m）	平均高差（m）	高程（m）	测点位置	备注与草图
		后视（mm）	前视（mm）					

实验四　井下三角高程测量

选择一实习矿井或地道（防空洞、救护队演习场所）作为实习基地。通过倾斜巷道传递高程，如图 9-27 所示，将下平巷 A 点高程传递到上平巷的 B 点。

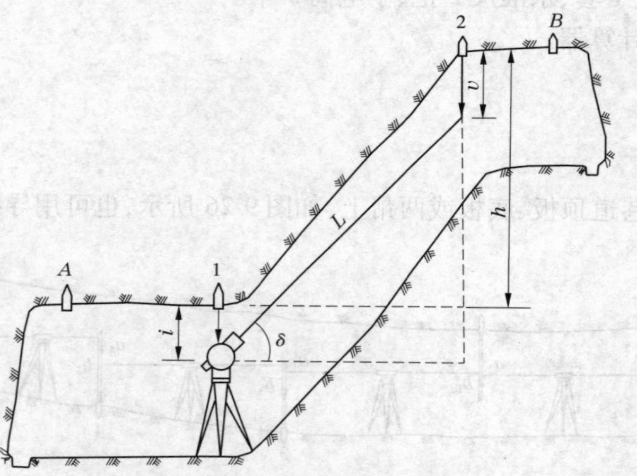

图 9-27　井下三角高程测量

一、实验性质

综合性实验，实验学时数安排为 2～4 学时。

二、目的和要求

(1)掌握竖直角的观测方法。

(2)掌握三角高程测量的内容及计算方法。

三、仪器和工具

(1)每组经纬仪 1 套、垂球 2 个、钢尺 1 把、小卷尺 1 把、手电筒 3 个。

(2)自备铅笔、计算器。

四、方法步骤

井下三角高程测量一般是与经纬仪导线测量同时进行的。

(1)先由 A 点求出 1 点高程,然后将经纬仪安置于 1 点,量出 1 点桩面至仪器横轴的距离(仪器高 i)。在 2 点挂垂球线上适当位置做一标志,量出 2 点桩面至标志的距离(觇标高 v)。

(2)用正镜瞄准 2 点垂球线上标志,转动竖盘水准管微动螺旋,当气泡居中后读出竖盘读数 L。

(3)倒镜再瞄准 2 点垂球线上标志,当气泡居中后,转动竖盘水准管微动螺旋,在竖盘上读取读数 R。取正、倒镜测出倾角的平均值。

(4)用钢尺从垂球线标志量至仪器中心的斜距 L,一般 L 即是导线边斜长。

(5)计算出 B 点高程。

以上测量结果记入表 9-6,计算在表 9-7 中进行。

表 9-6 竖直角观测记录

工作地点:__________ 观测:__________ 记录:__________

测站	仪器高	觇标	觇标高	盘位	竖盘读数 (° ′ ″)	半测回竖直角 (° ′ ″)	指标差 (″)	一测回角值 (° ′ ″)	目标

五、注意事项

(1)必须在竖盘水准管气泡居中时才能读取竖盘读数。记录员应注意提醒观测员,以免忽视此项操作而前功尽弃。

(2)井下三角高程测量与井下水准测量一样,当点在顶板上时,仪器高和觇标高数字前面加负号,而计算公式仍然不变。

表 9-7　三角高程计算

测站				
目标				
竖直角 δ(° ′ ″)				
倾斜距 L(m)				
$L\sin\delta$				
仪器高 i(m)				
觇标高 v(m)				
高差 h(m)				
平均高差(m)				
起算点高程 H_0(m)				
待定点高程 H(m)				
备注与草图				

习　题

1. 概述井下导线的特点。
2. 井下测水平角与地面测角有哪些异同?
3. 井下导线点的布设有何特点?
4. 简述“三联架”法测导线的转站方法。
5. 井下高程测量的目的和任务是什么?
6. 井下水准测量主要有哪些情况?分别详述其高差如何计算。
7. 矿井联系测量的实质是什么?为什么说精确地传递井下导线起始边的方位角比较重要?
8. 试述用连接三角形法进行一井定向时的投点和连接工作。
9. 简述两井定向测量内、外业工作。
10. 两井定向测量的实质是什么?其外业工作有哪些?

参 考 文 献

[1] 潘正风 ,杨正尧, 程效军,等. 数字测图原理与方法[M]. 武汉:武汉大学出版社,2009.
[2] 高井翔. 测量学[M]. 徐州:中国矿业大学出版社,2010.
[3] 张正禄. 工程测量学[M]. 武汉:武汉大学出版社,2007.
[4] 李楠,于淑清,张旭光. 工程测量[M]. 西安:西北工业大学出版社,2013.
[5] 徐宇飞. 工程测量[M]. 北京:测绘出版社,2011.
[6] 徐绍铨,张华海,杨志强,等. GPA 测量原理及应用[M]. 武汉:武汉大学出版社,2003.
[7] 张国良. 矿山测量学[M]. 徐州:中国矿业大学出版社,2006.